Dr. Nicola Haas • Hanns Jürgen Morath

Anwendungsorientierte Aufgaben für die Sekundarstufe II

Schroedel

Anwendungsorientierte Aufgaben für die Sekundarstufe II

Herausgegeben von
Dr. Nicola Haas
Hanns Jürgen Morath

Bearbeitet von
Kerstin Dambach, Rüdiger Engelhardt, Dr. Nicola Haas, Nicole Hamel, Petra-Maria Küpper, Stefan Lindlahr, Maria Mahr, Hanns Jürgen Morath, Thorsten Vogelsang, Elisabeth Wiegmann

Für Angelika Müller †
Ohne ihren Ideenreichtum und ihre Begeisterungsfähigkeit wäre dieses Buch nicht zustande gekommen.
Leider konnten wir es nicht mehr mit ihr gemeinsam verwirklichen.

Druck A ^{3}/ Jahr 2007

Alle Drucke der Serie A sind im Unterricht parallel verwendbar.

Redaktion: Petra Brinkmeier
Satz: Hanns Jürgen Morath
Druck: westermann druck GmbH, Braunschweig

ISBN 978-3-507-**73240**-7

Vorwort

„Wozu brauchen wir das später mal?“ – Wer von uns hat diese Schülerfrage nicht schon einmal vernommen! Sie lässt den Verdacht zu, dass wir es versäumt haben, unseren Schülerinnen und Schülern im Laufe ihres Schülerdaseins die Bedeutung des Faches Mathematik als Schlüsseltechnologie im Alltag, in Technik und Wissenschaft begreiflich zu machen. So nutzen wir Mathematik, wenn wir uns vom Navigationssystem unseres Autos leiten lassen oder beim Internet-Banking auf die Sicherheit sensibler Daten hoffen. Anwendungsorientierte Aufgaben sollten auf jedem Lernniveau einen Beitrag zum besseren Verständnis unserer Welt leisten und widerspiegeln, welche Bedeutung die Mathematik in unserer Umwelt hat.
Komplexere und offene anwendungsorientierte Aufgaben bieten zugleich gute Möglichkeiten zur Schulung der Methoden- und Sozialkompetenz, Fähigkeiten, die mehr denn je an Bedeutung gewinnen.

Was bieten Buch und CD?

- Das Buch bietet eine *reichhaltige Auswahl anwendungsorientierter Aufgaben* aus allen Bereichen des Mathematikunterrichtes der SII. Dabei reicht die Auswahl von eng geführten Problemen mit eindeutiger Lösung bis hin zu offen gestellten, projektartigen Aufgaben. In der Regel wurden alle notwendigen Daten beigefügt. Authentisches Datenmaterial mit „ungeschönten“ Zahlen erfordert allerdings oft allein schon deshalb den Einsatz von GTR/CAS, damit der Schüler nicht im Dickicht aufwändiger Rechnungen stecken bleibt.
- Jede Aufgabe beginnt mit einem *Aufgabenkopf*, so dass auf einen Blick *alle notwendigen Informationen* über Problematik und Voraussetzungen, den Einsatz von CAS/GTR, benötigte Materialien usw. zu erkennen sind. Ein ungefährer Zeitbedarf wird nur genannt, wenn der Zeitumfang den Rahmen einer Unterrichtsstunde erheblich überschreitet. Aufgrund der unterschiedlichsten Rahmenbedingungen werden keine Angaben zu Schwierigkeitsgrad, LK/GK und Jahrgangsstufe gemacht.
- Auf der *CD* finden sich *ausführliche Lösungen* aller Aufgaben, dazu *Grafiken und Bilder* so aufbereitet, dass sie als Folien ausgedruckt werden können. Weitere *Zusatzmaterialien* wie alternative Aufgabenstellungen, Excel-Sheets und ein Glossar zu wirtschaftlichen Begriffen werden angeboten.

Als zentraler Aspekt zieht sich das Problem des Modellierens wie ein roter Faden durch das Buch. Modellieren im allgemeinen Sinn, also das Entwerfen eines abstrakten Modells, das Übertragen auf ein mathematisches Modell, das Lösen des Problems innerhalb des Modells sowie die Übertragung der Ergebnisse in die Realität und die Interpretation der Ergebnisse macht Aufgaben komplexer und aufwändiger, aber auch offener. Dementsprechend können die auf der CD angegebenen Lösungen in etlichen Fällen nur als Beispiel für einen möglichen Lösungsweg angesehen werden.
Wir hoffen, dass wir mit unseren Aufgaben interessante Anregungen für Ihren Unterricht geben können. Sollten sich trotz aller Sorgfalt Fehler eingeschlichen haben, sind wir Ihnen für eine Nachricht dankbar.

Unser Dank gilt den Kolleginnen und Kollegen des Otto-Hahn-Gymnasiums Karlsruhe, die durch Verbesserungsvorschläge und Korrekturen zum Gelingen dieses Buches beigetragen haben.
Dr. Nicola Haas   Hanns-Jürgen Morath   August 2005

Inhaltsverzeichnis

Kapitel 1: Musteraufgaben mit Lösungen

Kapitel 2: Analysis

Kapitel 3: Analytische Geometrie / Lineare Algebra

Kapitel 4: Stochastik

Kapitel 1: Musteraufgaben

1	Problematik	Geradengleichungen; Kurvenscharen; Modellierung
	CAS/GTR	CAS sinnvoll, aber auch „per Hand“ lösbar

Die Alamillo-Brücke – Harfe über dem Fluss Guadalquivir

Die Alamillo-Brücke bei Sevilla (Spanien) wurde von dem Architekten Santiago Calatrava geplant und zwischen 1989 und 1992 gebaut. Ein einzelner Spannarm hält das gesamte Gewicht der Brücke. Er ist 142 m hoch und unter einem Winkel von 58° geneigt.
Die Brücke ist eines der herausragendsten Bauwerke, die für die Weltausstellung Expo '92 erstellt wurden. Mit ihren 13 Paaren von Stahlkabeln sieht die Alamillo-Brücke wie eine riesige Harfe aus, die über dem Fluss Guadalquivir schwebt. Die Spannweite der Brücke beträgt 200 m.

a) Wie lang ist der Spannarm (Mast)?
b) Stellen Sie sowohl den Spannarm als auch die 13 parallelen Stahlkabel durch Geraden in einem geeigneten Koordinatensystem dar.
   Wie lauten die Geradengleichungen?
   Welchen Abstand haben zwei benachbarte Kabel?
c) Wie viel Meter Stahlkabel wurden näherungsweise für die „Harfe“ benötigt?

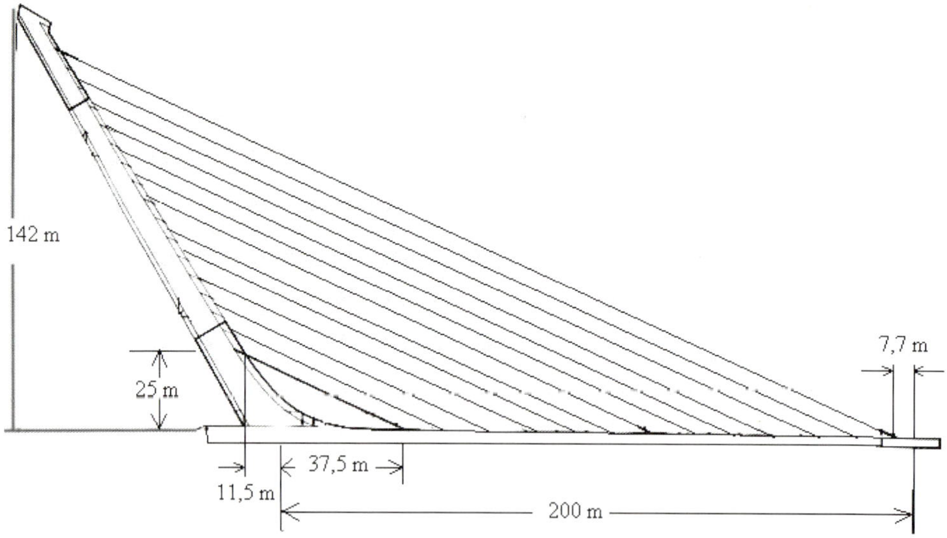

Lösung

a) ***Länge des Spannarms***

Für die Länge s des Spannarms gilt: $\sin 58° = \frac{142}{s}$, also $s = \frac{142}{\sin 58°} \approx 167{,}4$

Der Spannarm ist ca. 167,4 m lang.

b) ***Gerade durch den Spannarm***

Ein Koordinatensystem kann auf verschiedene Arten festgelegt werden, in der folgenden Lösung wird das eingezeichnete Koordinatensystem verwendet.

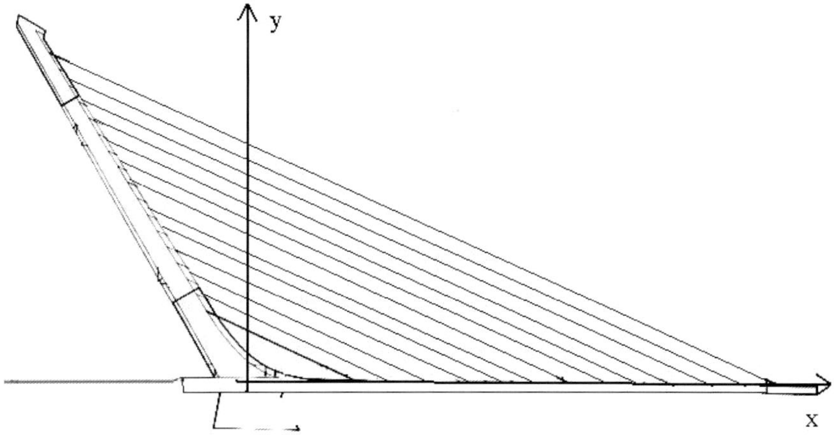

$m_S = -\tan 58° \approx -1{,}6$

Gleichung des Spannarms g: $y = -1{,}6x$

Gleichung der Geradenschar

Das unterste Spannseil geht durch die Punkte (– 11,5/25,0) und (37,5/0)

Steigung $m_0 = \frac{0-25}{37{,}5+11{,}5} = -\frac{25}{49} \approx -0{,}51$

Offenbar sind alle Geraden der Schar parallel, also gilt $m_t = m_0$.

Das oberste Spannseil geht durch den Punkt (192,3/0).

Damit: $0 = -\frac{25}{49} \cdot 192{,}3 + c$, also $c \approx 98{,}11$

Nullstellen der Geradenschar: $x_N = 37{,}5 + \frac{192{,}3-37{,}5}{12} \cdot t = 37{,}5 + 12{,}9 \cdot t$; $t = 0; 1; \ldots; 12$

Für die Geradenschar h_t gilt:

$0 = -\frac{25}{49} \cdot (37{,}5 + 12{,}9 \cdot t) + c$,

also $c = \frac{645 \cdot t + 1875}{98} \approx 6{,}58 \cdot t + 19{,}13$

Damit gilt:

h_t: $y = -\frac{25}{49} \cdot x + \frac{645 \cdot t + 1875}{98}$; $t = 0; 1; \ldots; 12$

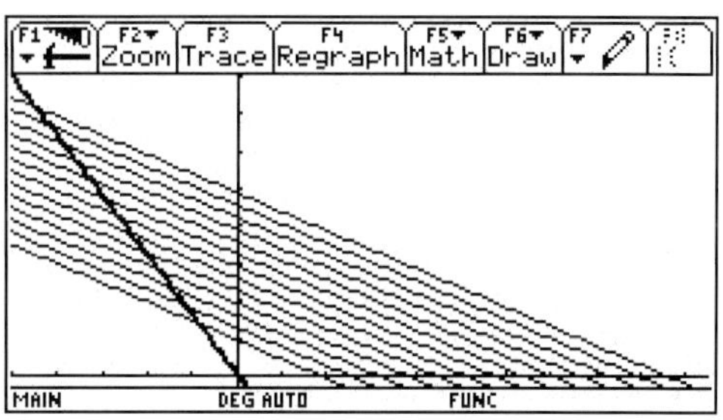

oder näherungsweise: h_t: $y = -0{,}51x + 6{,}58t + 19{,}13$; $t = 0; 1; \ldots; 12$

Abstand zweier benachbarter Stahlkabel

Benachbarte Stahlkabel verlaufen parallel und haben jeweils den gleichen Abstand. Wir können uns deshalb auf die Berechnung des Abstandes der beiden unteren Kabel beschränken, die durch die Geraden h_0 und h_1 beschrieben werden.

Schnittpunkte A und B von h_0 und h_1 mit der x-Achse: A(37,5/0); B(50,41/0)

Das Lot auf h_0 in A schneidet h_1 in C.

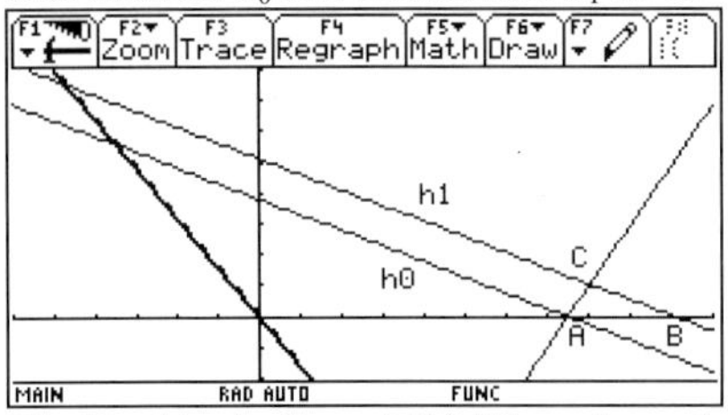

Die Punkte A, B und C bilden ein rechtwinkliges Dreieck mit dem rechten Winkel bei C.

Für den Außenwinkel β_1 bei B gilt: $\tan(\beta_1) = -0{,}51$, also $\beta_1 \approx 153{,}0°$

Der Innenwinkel β beträgt dann $180° - \beta_1 \approx 27{,}0°$

Im rechtwinkligen Dreieck ABC gilt: $\sin(\beta) = \frac{\left|\overline{AC}\right|}{\left|\overline{AB}\right|}$, also $\left|\overline{AC}\right| = 12{,}91 \cdot \sin(27°) \approx 5{,}86$

Der Abstand zwischen h_0 und h_1 und damit der Abstand je zweier benachbarter Stahlkabel beträgt 5,86 m.

Mit einem CAS ist auch ein allgemeiner Lösungsweg problemlos durchführbar:

Gleichung der Normalen n zu h_t durch den Ursprung: n: $y = \frac{49}{25} \cdot x$

Schnittpunkte von n mit einer Geraden h_t

$\frac{49}{25} \cdot x = -\frac{25}{49} \cdot x + \frac{645 \cdot t + 1875}{98}$, also $x = \frac{375 \cdot (43 \cdot t + 125)}{6052} \approx 2{,}66 \cdot t + 7{,}75$

Damit ist $S_t(\frac{375 \cdot (43 \cdot t + 125)}{6052} / \frac{735 \cdot (43 \cdot t + 125)}{6052})$ der Schnittpunkt von n und h_t,

Damit erhalten wir zwei benachbarte Schnittpunkte durch

$S_t(\frac{375 \cdot (43 \cdot t + 125)}{6052} / \frac{735 \cdot (43 \cdot t + 125)}{6052})$ und $S_{t+1}(\frac{375 \cdot (43 \cdot t + 168)}{6052} / \frac{735 \cdot (43 \cdot t + 168)}{6052})$

$$\left|\overline{S_{t+1}S_t}\right| = \sqrt{\left(\frac{375}{6052} \cdot 43\right)^2 + \left(\frac{735}{6052} \cdot 43\right)^2} = \frac{645}{6052}\sqrt{3026} \approx 5{,}86$$

c) ***Schnittpunkt von g und h_t:***

$-1{,}6x = -0{,}51x + 19{,}13 + 6{,}58 \cdot t$, also $x \approx -6{,}04 \cdot t - 17{,}55$

$S_t(-6{,}04 \cdot t - 17{,}55 / 9{,}66 \cdot t + 28{,}08)$; Nullstelle von h_t: $N_t(12{,}9 \cdot t + 37{,}5 / 0)$

Länge der Strecke N_tS_t:

$$\sqrt{(12{,}9 \cdot t + 37{,}5 + 6{,}04 \cdot t + 17{,}55)^2 + (-9{,}66 \cdot t - 28{,}8)^2} \approx 21{,}26 \cdot \sqrt{t^2 + 5{,}84 \cdot t + 8{,}54}$$

Summe der Längen der Stahlkabel:

$$2 \cdot \sum_{t=0}^{12} 21{,}26 \cdot \sqrt{t^2 + 5{,}84 \cdot t + 8{,}54} \approx 4931{,}15$$

Es wurden ca. 4931 m Stahlkabel benötigt.

2	Problematik	Geraden; Ebenen; Abstandsprobleme; Flächenberechnungen
	CAS/GTR	CAS sinnvoll, aber auch „per Hand" lösbar

Nationaltheater Brasilia

Das Nationaltheater „Teátro Nacional Cláudio Santoro" in der brasilianischen Hauptstadt Brasilia wurde von dem brasilianischen Stararchitekten Oscar Niemeyer entworfen und am 21. April 1981 eingeweiht. Von außen ähnelt es einem aztekischen Tempelbau. Im Innern befinden sich drei Säle für Aufführungen, im größten haben 1.300 Zuschauer Platz.

a) In einem räumlichen kartesischen Koordinatensystem kann das Bauwerk näherungsweise beschrieben werden durch die Eckpunkte A(0/0/0), B(48/228/0), C(129/228/0), D(177/0/0),

$E(\frac{413}{9}/\frac{605}{9}/42)$, F(69/177/42), G(108/177/42) und

$H(\frac{1180}{9}/\frac{605}{9}/42)$ (Originalmaße in m).

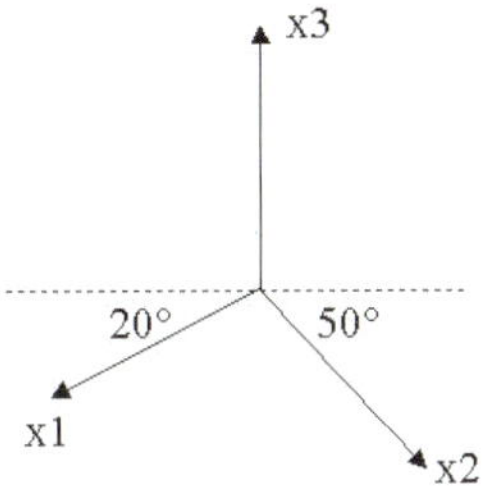

Veranschaulichen Sie den Bau in einem geeigneten Maßstab und geben Sie diesen Maßstab an. Nebenstehende Darstellungsweise wird empfohlen.
Zeichnen Sie den Grundriss des Nationaltheaters.
Bestimmen Sie Form und Flächeninhalt der Grundfläche.

b) Nehmen Sie an, auf das Dach des Theaters soll ein gläsernes Cafe gebaut werden, das durch seine Form den bisherigen Bau zu einer Pyramide ergänzt. Überprüfen Sie, ob dieser Plan realisiert werden kann.
Um die benötigte Leistung der einzubauenden Klimaanlagen ermitteln zu können, muss das Volumen des Glaskörpers berechnet werden. Bestimmen Sie dieses.

c) Aus statischen Gründen muss die Masse des Aufbaus berechnet werden. Bisher ist jedoch nur die Masse des Stahlträgersystems bekannt, Werte für die Außenverglasung liegen noch nicht vor. Der Anteil der verglasten Außenfläche beträgt 75 % der gesamten Seitenflächen. Die Wandstärke der Glasscheiben soll 3 cm betragen. Glas hat eine durchschnittliche Dichte von 2,48 $\frac{g}{cm^3}$.
Bestimmen Sie näherungsweise die Masse des gläsernen Anteils des Aufbaus.

Lösung

a) ***Schrägriss***

Zum Beispiel kann der Maßstab 1 : 2500 gewählt werden.

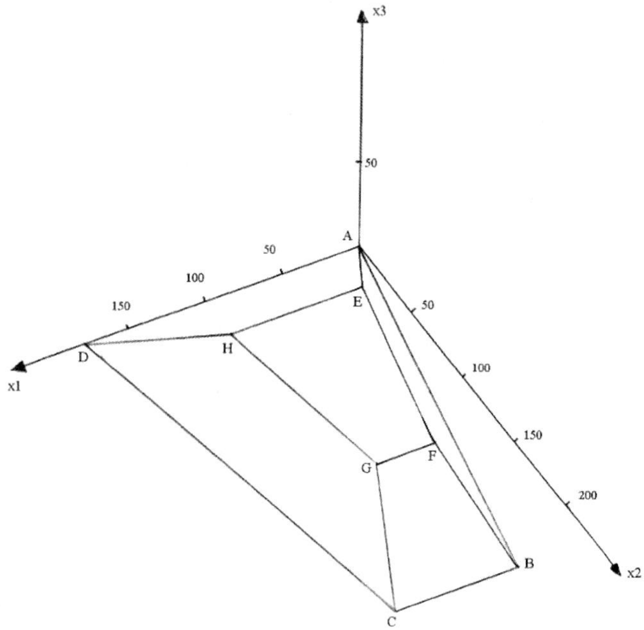

Grundriss

Unter dem Grundriss eines Körpers versteht man die senkrechte Projektion eines Körpers in die Grundrissebene, d.h. in unserem Fall in die x_1x_2-Ebene. Damit ergibt sich folgendes Bild:

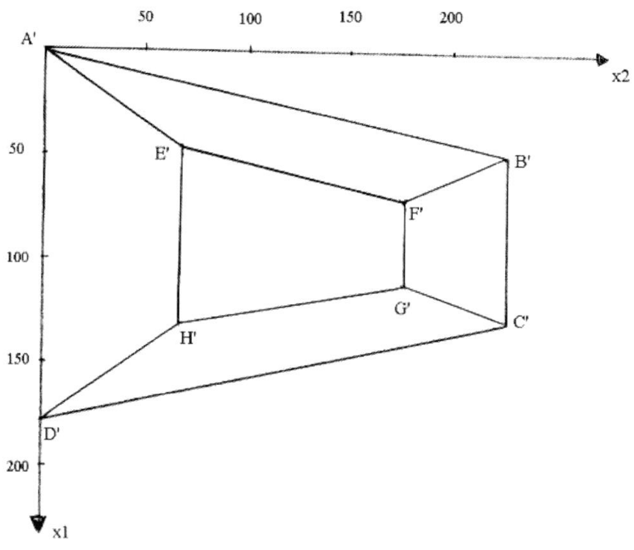

Form des Vierecks ABCD

$$\overrightarrow{AD} = \begin{pmatrix} 177 \\ 0 \\ 0 \end{pmatrix}; \overrightarrow{BC} = \begin{pmatrix} 81 \\ 0 \\ 0 \end{pmatrix}$$

Die Seiten $\overline{AD}$ und $\overline{BC}$ sind parallel, das Viereck ABCD ist damit ein Trapez.

$$\overrightarrow{AB} = \begin{pmatrix} 48 \\ 228 \\ 0 \end{pmatrix}; \overrightarrow{DC} = \begin{pmatrix} -48 \\ 228 \\ 0 \end{pmatrix}; \quad \left|\overrightarrow{AB}\right| = \left|\overrightarrow{DC}\right| = 12 \cdot \sqrt{377} \approx 233$$

Damit ist die Grundfläche ein gleichschenkliges Trapez, dessen parallele Seiten 177 m bzw. 81 m lang sind. Seine Höhe beträgt 228 m.

Flächeninhalt der Grundfläche

$A = \frac{1}{2} \cdot \left(\left|\overrightarrow{AD}\right| + \left|\overrightarrow{BC}\right| \right) \cdot h$, wobei h der Abstand des Punktes B von der x_1-Achse ist.

Damit ergibt sich: $A = \frac{1}{2} \cdot (177 + 81) \cdot 228 = 29412$

Die Grundfläche hat einen Flächeninhalt von 29412 m^2.

b) ***Untersuchung, ob der Plan realisierbar ist***

Der Plan ist möglich, falls sich die Geraden, auf denen die vier Seitenkanten $\overline{AE}, \overline{DH}, \overline{CG}, \overline{BF}$ liegen, in einem Punkt schneiden.

$$AE: \vec{x} = k \cdot \begin{pmatrix} 413 \\ 605 \\ 378 \end{pmatrix}; \; DH: \vec{x} = \begin{pmatrix} 177 \\ 0 \\ 0 \end{pmatrix} + l \cdot \begin{pmatrix} -413 \\ 605 \\ 378 \end{pmatrix}$$

$$CG: \vec{x} = \begin{pmatrix} 129 \\ 228 \\ 0 \end{pmatrix} + r \cdot \begin{pmatrix} -21 \\ -51 \\ 42 \end{pmatrix}; \; BF: \vec{x} = \begin{pmatrix} 48 \\ 228 \\ 0 \end{pmatrix} + s \cdot \begin{pmatrix} 21 \\ -51 \\ 42 \end{pmatrix}$$

Schnitt von CG und BF:

(1) $129 - 21r = 48 + 21s$

(2) $228 - 51r = 228 - 51s$

(3) $\qquad 42r = \qquad 42s$

Aus (1) und (2) folgt: $r = s = \frac{27}{14}$.

Eingesetzt in (3): $81 = 81$

Also schneiden sich die Geraden CG und BF im Punkt $S\left(\frac{177}{2} / \frac{1815}{14} / 81\right)$.

Wir überprüfen, ob S auch auf den Geraden AE bzw. DH liegt:

$$\begin{pmatrix} \frac{177}{2} \\ \frac{1815}{14} \\ 81 \end{pmatrix} = k \cdot \begin{pmatrix} 413 \\ 605 \\ 378 \end{pmatrix} \text{ ist erfüllt für } k = \frac{3}{14}.$$

$$\begin{pmatrix} \frac{177}{2} \\ \frac{1815}{14} \\ 81 \end{pmatrix} = \begin{pmatrix} 177 \\ 0 \\ 0 \end{pmatrix} + l \cdot \begin{pmatrix} -413 \\ 605 \\ 378 \end{pmatrix}$$ ist erfüllt für $l = \frac{3}{14}$.

Damit ist $S\left(\frac{177}{2} / \frac{1815}{14} / 81\right)$ der gemeinsame Schnittpunkt der Verlängerungen aller vier Seitenkanten.

Volumen des gläsernen Cafes

Grundfläche ist ein Trapez, dessen parallele Seiten $\frac{767}{9}$ m und 39 m lang sind. Seine Höhe beträgt $\frac{988}{9}$ m.

Die Höhe des pyramidenförmigen Cafes beträgt 39 m.
Damit ergibt sich als Volumen:

$$V = \frac{1}{3} \cdot G \cdot h = \frac{1}{3} \cdot \frac{1}{2} \cdot \left(\frac{767}{9} + 39\right) \cdot \frac{988}{9} \cdot 39 = \frac{7179796}{81} \approx 88639{,}5$$

Das Volumen des geplanten Cafes würde ca. 88640 m^3 betragen.

c) **_Bestimmung der gesamten Außenfläche_**

Die gesamte Außenfläche setzt sich aus den Flächen der vier Dreiecke GFS, EFS, EHS und HGS zusammen.
Flächeninhalt des Dreiecks EHS:

Die Dreieckshöhe h_1 ist der Abstand des Punktes S von der Geraden EH: $\vec{x} = \begin{pmatrix} \frac{413}{9} \\ \frac{605}{9} \\ 42 \end{pmatrix} + k \begin{pmatrix} 1 \\ 0 \\ 0 \end{pmatrix}$.

$P_1\left(\frac{413}{9} + k / \frac{605}{9} / 42\right)$ ist ein beliebiger Punkt auf der Geraden EH. Ist P_1 der Lotfußpunkt des Lotes von S auf EH, so muss $\overrightarrow{P_1S} \cdot \begin{pmatrix} 1 \\ 0 \\ 0 \end{pmatrix} = 0$ gelten.

Also: $\begin{pmatrix} \frac{767}{18} - k \\ \frac{7865}{126} \\ 39 \end{pmatrix} \cdot \begin{pmatrix} 1 \\ 0 \\ 0 \end{pmatrix} = 0$, damit $k = \frac{767}{18}$ und $P_1\left(\frac{177}{2} / \frac{605}{9} / 42\right)$

Für den Flächeninhalt des Dreiecks EHS erhält man:

$$A_1 = \frac{1}{2} \cdot \left|\overrightarrow{EH}\right| \cdot \left|\overrightarrow{P_1S}\right| = \frac{1}{2} \cdot \frac{767}{9} \cdot \frac{13}{126}\sqrt{508909} \approx 3136{,}3$$

Flächeninhalt des Dreiecks GFS:
Für den Lotfußpunkt P_2 des Lotes von S auf die Gerade FG gilt:
seine x_1-Koordinate stimmt mit der x_1-Koordinate von S überein, seine x_2-Koordinate mit der von F bzw. G.

Damit gilt: $P_2(\frac{177}{2} / 177 / 42)$

Für den Flächeninhalt des Dreiecks GFS erhält man:

$$A_2 = \frac{1}{2} \cdot \left|\overrightarrow{FG}\right| \cdot \left|\overrightarrow{P_2S}\right| = \frac{1}{2} \cdot 39 \cdot \frac{39}{14} \sqrt{485} \approx 1196{,}3$$

Die Dreiecke EFS und HGS sind kongruent.

Flächeninhalt des Dreiecks EFS:
Die Dreieckshöhe h_3 ist der Abstand des Punktes S von der Geraden EF:

$$\vec{x} = \begin{pmatrix} \frac{413}{9} \\ \frac{605}{9} \\ 42 \end{pmatrix} + k \begin{pmatrix} 52 \\ 247 \\ 0 \end{pmatrix}$$

$P_3(\frac{413}{9} + 52 \cdot k / \frac{605}{9} + 247 \cdot k / 42)$ ist ein beliebiger Punkt auf der Geraden EF. Ist P_3 der Lotfußpunkt des Lotes von S auf EF, so muss $\overrightarrow{P_3S} \cdot \begin{pmatrix} 52 \\ 247 \\ 0 \end{pmatrix} = 0$ gelten.

Also: $\begin{pmatrix} \frac{767}{18} - 52 \cdot k \\ \frac{7865}{126} - 247 \cdot k \\ 39 \end{pmatrix} \cdot \begin{pmatrix} 52 \\ 247 \\ 0 \end{pmatrix} = 0$, damit $k = \frac{13147}{47502}$ und $P_3(\frac{12237}{203} / \frac{55047}{406} / 42)$

Für den Flächeninhalt des Dreiecks EFS erhält man:

$$A_3 = \frac{1}{2} \cdot \left|\overrightarrow{EF}\right| \cdot \left|\overrightarrow{P_3S}\right| = \frac{1}{2} \cdot \frac{52}{9} \cdot \sqrt{377} \cdot \frac{3}{406} \sqrt{43088461} \approx 2720{,}7$$

Damit würde die gesamte Außenfläche des gläsernen Aufbaus ca. 9774 m^2 betragen.

Berechnung der Masse des gläsernen Anteils des Aufbaus

Die Glasfläche beträgt 75 % der Gesamtfläche, also 7330,5 m^2.
Bei einer Glasdicke von 0,03 m ergibt sich ein Glasvolumen von ca. 219,9 m^3.
Masse des gläsernen Anteils:

$$m = \rho \cdot V = 2{,}48 \frac{g}{cm^3} \cdot 219{,}9\,m^3 = 2{,}48 \cdot 10^3 \frac{kg}{m^3} \cdot 219{,}9\,m^3 \approx 545352\,kg \approx 545{,}4\,t$$

Damit hat der gläserne Anteil des Aufbaus eine Masse von 545,5 t.

3	Problematik	Quadratische Funktionen; Regression und Korrelation; Bedingte Wahrscheinlichkeiten (e); Hypothesentest (f)
	CAS/GTR	hilfreich bei d)

26 % der Kinder über der Norm

Im Jahr 2004 sind die Schulen im US-Staat Arkansas dazu übergegangen, „Fettbriefe" an die Eltern zu verschicken, in denen sie ihnen den Body Mass Index (BMI) ihres Kindes mitteilen. Der BMI verrät, ob ein Schüler mit seinem Gewicht in der Norm liegt oder als übergewichtig gilt. Ein BMI zwischen 20 und 25 gilt als Normalgewicht, zwischen 25 und 30 als Übergewicht und über 30 als Fettsucht (Adipositas).

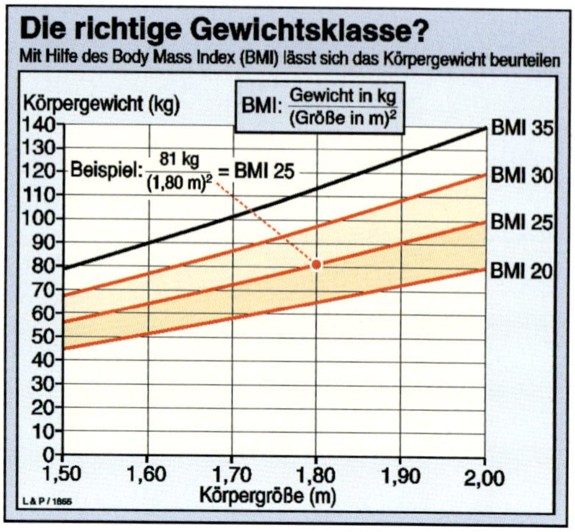

a) Bestimmen Sie Ihren eigenen BMI.

b) Welche Funktionenschar beschreibt wie in der nebenstehenden Graphik den Zusammenhang zwischen BMI, Körpergröße und Gewicht?
Zeichnen Sie die Graphen für einen BMI von 15, 20, 25, 30, 35 und 40.
In welchem Bereich liegt das Gewicht eines 1,82 m großen, übergewichtigen Mannes?

c) Zur Saison 2004/05 hat der Internationale Skiverband (FIS) im Skispringen eine Regeländerung durchgeführt: wer in Zukunft mit einem BMI unter 18,5 an den Start geht, muss mit kürzeren Skiern springen. Damit soll verhindert werden, dass Skispringer versuchen, durch immer größere Gewichtsabnahme bessere Weiten zu erzielen.
Der Vierschanzen-Tournee-Sieger von 2001/02, Sven Hannawald, hatte bei einer Körpergröße von 1,84 m ein Körpergewicht zwischen 62 kg und 64 kg. Müsste er 2005 mit diesem Gewicht seine Skilänge reduzieren?

d) Im Rahmen einer Studie der Johannes-Gutenberg-Universität Mainz wurden im Schuljahr 2002/2003 insgesamt 840 Grundschulkinder (51 Prozent Jungen und 49 Prozent Mädchen) untersucht. Zwei Prozent der Kinder waren untergewichtig, 72 Prozent normalgewichtig. Übergewichtige Kinder waren zu 13 Prozent vertreten und eine Adipositas konnte in 13 Prozent der Fälle nachgewiesen werden.
Bei normalgewichtigen Kindern fanden sich mittlere df-t-Werte für den Kariesbefall von Milchzähnen von 2,09, übergewichtige Kinder zeigten einen mittleren df-t-Wert von 2,48 und adipöse Kinder von 3,3 (df-t-Werte geben die Karieshäufigkeit in Milchgebissen an).
Die Forscher behaupten in ihrer Studie, die Zunahme des Kariesbefalls (df-t-Werte) korreliere signifikant mit der Zunahme des Körpergewichtes. Nehmen Sie dazu Stellung.

e) Untergewichtige Kinder wiesen zu 50 Prozent naturgesunde Gebisse auf, normalgewichtige Kinder zu 35,1 Prozent und übergewichtige Kinder zu 28 Prozent. Adipöse Kinder hatten zu 24,6 Prozent naturgesunde Gebisse. Wie groß ist der Prozentsatz der Kinder mit naturgesundem Gebiss in der Studie? Wie groß ist die Wahrscheinlichkeit, dass ein zufällig aus der Gruppe der Kinder mit naturgesundem Gebiss ausgewähltes Kind adipös ist?

f) Der Berufsverband für Kinderheilkunde und Jugendmedizin teilte mit, dass rund 20 % der Kinder und Jugendlichen in Deutschland an Fettsucht leiden. Kann man bei einer Irrtumswahrscheinlichkeit von 5 % davon ausgehen, dass die Mainzer Untersuchung dieser These widerspricht?

Lösung

b) Bezeichnen wir mit x die Größe einer Person in Meter, mit y ihr Gewicht in Kilogramm und mit b den daraus resultierenden Body Mass Index, so gilt:

$b = \frac{y}{x^2}$, also $y = b \cdot x^2$

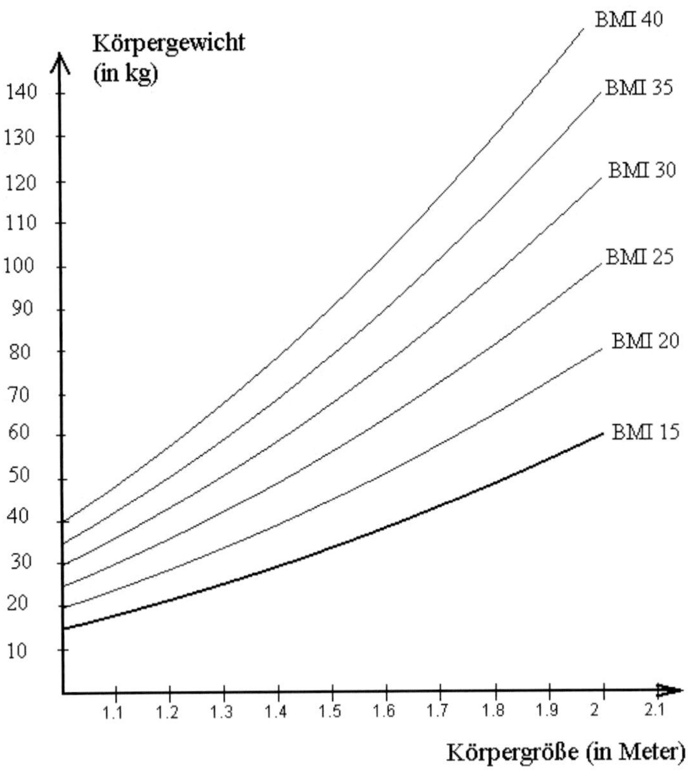

Ein übergewichtiger Mann hat einen BMI zwischen 25 und 30, d.h. bei einer Größe von 1,82 m liegt sein Gewicht zwischen 82,8 kg und 99,4 kg.

c) BMI von Sven Hannawald:

bei einem Gewicht von 62 kg: $\frac{62}{1{,}84^2} \approx 18{,}3$; bei einem Gewicht von 64 kg: $\frac{64}{1{,}84^2} \approx 18{,}9$

Sven Hannawald müsste mindestens 62,6 kg wiegen, um zu verhindern, dass er mit kürzeren Skiern an den Start gehen müsste.

d) Wir gehen davon aus, dass die Klasse der adipösen Kinder im Wesentlichen durch einen BMI zwischen 30 und 40 beschrieben werden kann, obwohl in Wirklichkeit keine obere Grenze festliegt. Zur Untersuchung benutzen wir dann die Klassenmitten.

mittlerer BMI	normalgewichtig 22,5	übergewichtig 27,5	adipös 35
df-t-Wert	2,09	2,48	3,3

Mithilfe eines GTR oder CAS erhält man die Gerade mit der Gleichung $y = 0{,}0978x - 0{,}147$ als Regressionsgerade, der Korrelationskoeffizient r beträgt ca. 0,996.

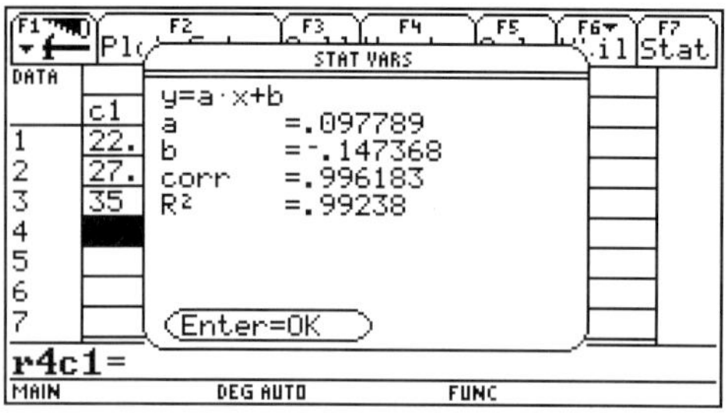

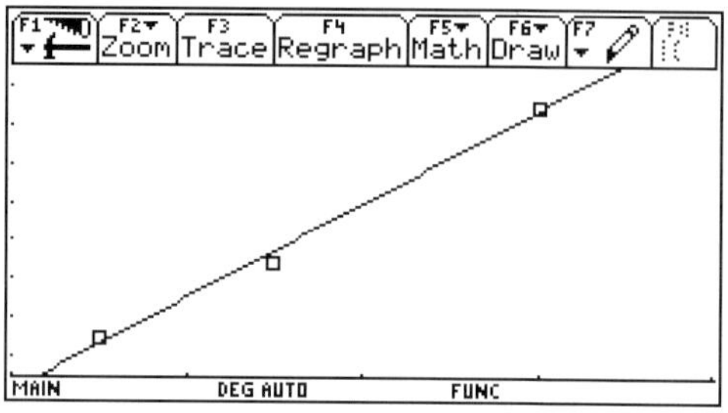

Rechnerisch kann man von einer starken Korrelation zwischen den BMI-Werten und den df-t-Werten für die Karieshäufigkeit sprechen. Allerdings tauchen mehrere Probleme auf:
- Mit drei Datenpaaren ist der Umfang zu gering, um eine eindeutige Antwort geben zu können.
- Die Klassenmitte 35 bei der Klasse der adipösen Kinder ist willkürlich gewählt.
- Eine starke Korrelation bedeutet nicht automatisch, dass tatsächlich ein direkter kausaler Zusammenhang zwischen den beiden Merkmalen besteht.

e) (1) P(naturgesundes Gebiss) = $0{,}02 \cdot 0{,}5 + 0{,}72 \cdot 0{,}351 + 0{,}13 \cdot 0{,}28 + 0{,}13 \cdot 0{,}246 \approx 0{,}331$
Der Anteil der Kinder mit naturgesundem Gebiss in der Studie beträgt ca. 33,1 %.
(2) Es ist A das Ereignis: Kind mit naturgesundem Gebiss; P(A) = 0,331
B ist das Ereignis „adipöses Kind".
Wahrscheinlichkeit, dass ein Kind mit naturgesundem Gebiss adipös ist:

$$P_A(B) = \frac{P(A \cap B)}{P(A)} = \frac{0{,}246 \cdot 0{,}13}{0{,}331} \approx 0{,}097$$

Die Wahrscheinlichkeit, dass ein zufällig aus der Gruppe der Kinder mit naturgesundem Gebiss ausgewähltes Kind adipös ist, beträgt ca. 9,7 %.

f) Nach Ansicht des Berufsverbandes für Kinderheilkunde und Jugendmedizin leiden 20 % der Kinder an Fettsucht. Widerspricht die Mainzer Studie dieser These?
Wir wählen als Nullhypothese H_0: $p_0 = 0{,}2$
Die Alternativhypothese lautet H_1: $p_0 < 0{,}2$
Die Zufallsvariable X für die Anzahl der adipösen Kinder ist bei wahrer Nullhypothese $B_{840;\,0,2}$-verteilt.
Gesucht ist der Ablehnungsbereich $[0; g]$ so, dass $P(X \le g) \le 0{,}05$
Da die Bedingung $n \cdot p \cdot (1-p) = 840 \cdot 0{,}2 \cdot 0{,}8 > 9$ erfüllt ist, ermitteln wir den Ablehnungsbereich näherungsweise mit Hilfe der zugehörigen Normalverteilung.

Also: $P(X \le g) \approx \Phi\left(\frac{g + 0{,}5 - 840 \cdot 0{,}2}{\sqrt{840 \cdot 0{,}2 \cdot 0{,}8}}\right) \approx \Phi\left(\frac{g - 167{,}5}{11{,}59}\right) \le 0{,}05$

Unter Verwendung von $\Phi(-x) = 1 - \Phi(x)$ gilt: $\Phi\left(\frac{167{,}5 - g}{11{,}59}\right) \ge 0{,}95$ und damit

$\frac{167{,}5 - g}{11{,}59} \ge 1{,}65$, also $g \le 148{,}4$

Wir erhalten damit den Ablehnungsbereich $[0;148]$.
Anzahl der adipösen Kinder in der Mainzer Studie: $0{,}13 \cdot 840 \approx 109$
Da 109 im Ablehnungsbereich liegt, widerspricht die Mainzer Studie der These des Berufsverbandes für Kinderheilkunde und Jugendmedizin.

Kapitel 2: Analysis

4		
	Problematik	Arbeiten mit Funktionen, Tabellen und Diagrammen
	Material	Um die Längen der einzelnen Streckenabschnitte näherungsweise zu bestimmen: Zirkel und Geodreieck bzw. Wanderkartenmessgerät oder Faden

Mit 340 durch die Variante Ascari - Formel 1 in Monza

Ein Formel 1-Fahrer ist im Training auf dem Kurs von Monza unterwegs. Dabei werden seine Geschwindigkeiten an 12 verschiedenen Stellen des Rennkurses aufgezeichnet. Der Kurs hat vom Start bis zum Ziel eine Länge von 5793 m. In drei Zeitsektoren sind die Zwischenzeiten angegeben: im ersten Sektor vom Start bis zum Messpunkt T1 benötigt der Fahrer 25,8 s, im zweiten Sektor von T1 bis T2 und im dritten Sektor von T2 bis T3 (Start/Ziel) jeweils 27,2 s.

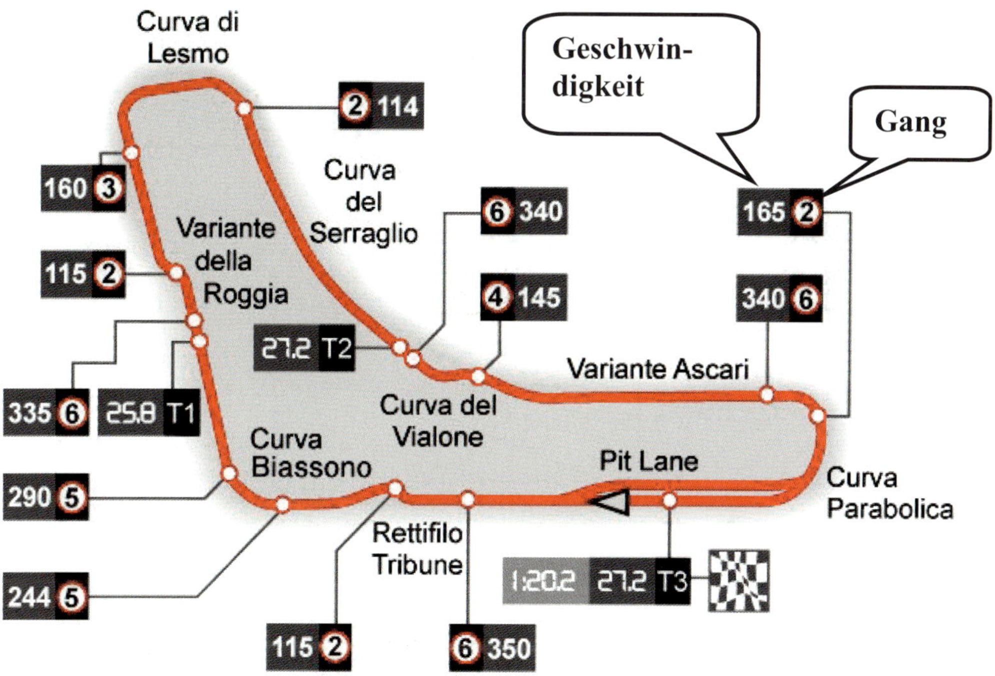

a) Bestimmen Sie anhand der Grafik durch Ausmessen die tatsächliche Entfernung zwischen den verschiedenen Geschwindigkeitsmesspunkten vom Start bis zum Ziel möglichst genau. Legen Sie damit eine Weg-Geschwindigkeits-Tabelle an.

Weg s (in km) ab Start						
Geschwindigkeit v (in km/h)	350	115	244	290	335	usw.

b) Zeichnen Sie anhand dieser Tabelle ein s-v-Diagramm.

c) Ermitteln Sie Näherungswerte für die Fahrzeiten zwischen den einzelnen Geschwindigkeitsmesspunkten. Wählen Sie dazu als Durchschnittsgeschwindigkeit den Mittelwert aus den Geschwindigkeiten am Anfang und Ende einer Messstrecke.
Vergleichen Sie die mit diesem Modell errechneten mit den tatsächlich gemessenen Zeiten.

5	Problematik	Funktionsbegriff; abschnittsweise definierte Funktionen; Interpretation von Graphen

Besserverdienende zahlen mehr – die Einkommenssteuer

Diskussionen um neue Steuerkonzepte, niedrigere Steuersätze und vereinfachte Steuersysteme sorgen in politischen Diskussionen immer wieder für Zündstoff. So erregte 2003 der damalige stellvertretende Fraktionsvorsitzende der CDU, Friedrich Merz, bundesweit Aufsehen mit einem radikalen Steuerkonzept, bei dem eine gewöhnliche Einkommensteuererklärung nicht mehr Platz benötigen dürfe, als ein Bierdeckel bietet.
Wie könnte ein einfacher, aber gerechter Steuertarif aussehen?

Mögliche Tariffunktionen

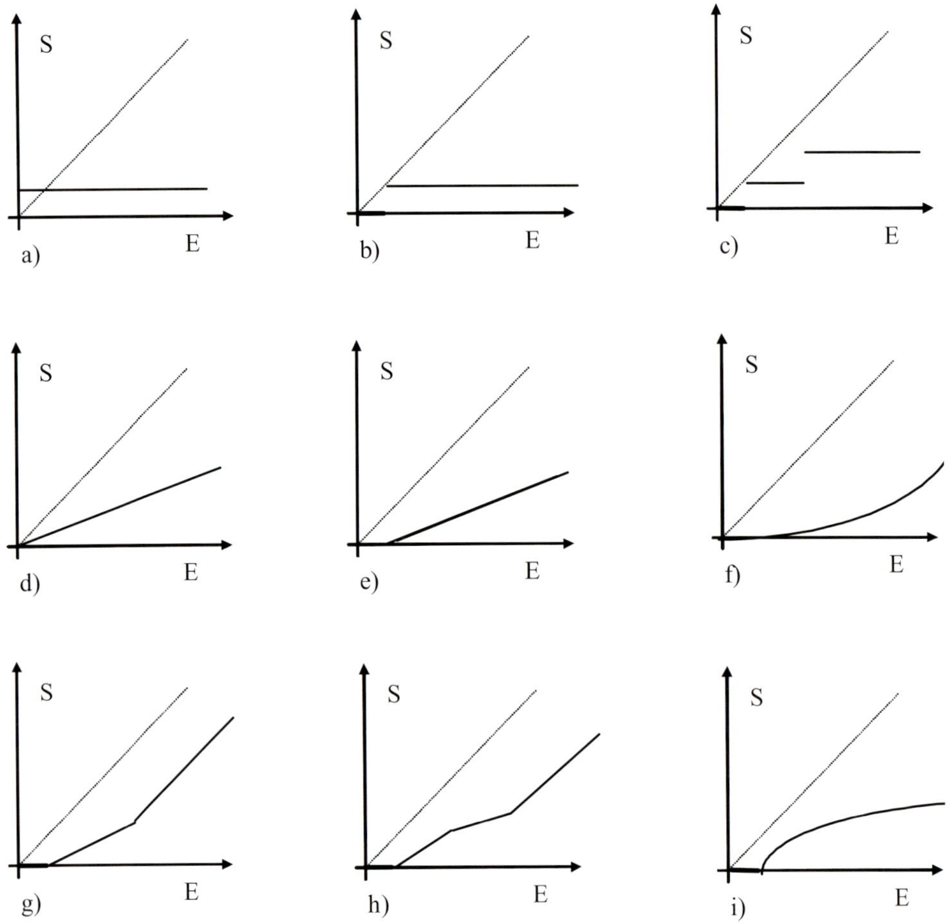

E = zu versteuerndes Jahreseinkommen (in €), S = abzuführende jährliche Einkommensteuer.

a) Folgende fünf Forderungen an eine Tariffunktion werden immer wieder gestellt:
   1. ***Schutz des Existenzminimums*:** Wer ein sehr geringes Einkommen hat, soll keine Steuern zahlen.
   2. ***Steuergerechtigkeit*:** Wer höheres Einkommen hat, soll mehr Steuern zahlen.
   3. ***Stetigkeit*:** Bei geringen Unterschieden zwischen zwei Einkommen sollen sich auch die Steuerbeträge wenig unterscheiden.
   4. ***Leistungsfähigkeit:*** Je höher das Einkommen, um so höher der Anteil an Steuern.
   5. ***Leistungsanreiz:*** Steuern sollen nicht die Lust daran verderben, nach höherem Einkommen zu streben.

   Diskutieren Sie die fünf Forderungen und präzisieren Sie sie mathematisch.

b) Die Steuertariffunktion S(E) sei differenzierbar. Welche Bedeutung hat S′ (E)? (S′(E) wird als Grenzsteuer bzw., bei Angabe in Prozent, als Grenzsteuersatz bezeichnet.)

c) Diskutieren Sie die skizzierten neun Graphen von Tariffunktionen S(E) im Hinblick auf die fünf Forderungen. Welche Bedeutung hat die Winkelhalbierende?

d) Stellen Sie die Tariffunktion von 2003 (bzw. den aktuellen Tarif) graphisch dar und diskutieren Sie diese hinsichtlich obiger Kriterien.

Einkommensteuertarif 2003 (Grundtarif)
gemäß §32a Einkommensteuergesetz
x: zu versteuerndes Einkommen

bis 7235 €	0 € (Grundfreibetrag)
von 7235 € bis 9251 €	$(768{,}85 \cdot y + 1990) \cdot y$ € mit $y = \frac{x-7200}{10^4}$
von 9252 € bis 55007 €	$(278{,}66 \cdot z + 2300) \cdot z + 432$€ mit $z = \frac{x-9216}{10^4}$
ab 55008 €	$0{,}485 \cdot x - 9872$ €

e) CDU und CSU haben sich am 7. März 2004 auf ein gemeinsames Steuerkonzept geeinigt. Einer der Kernpunkte ist:
   *Jeder Steuerpflichtige hat einen einheitlichen **Grundfreibetrag** von 8.000 Euro.*
   *Der **Eingangssteuersatz** wird auf 12 Prozent gesenkt. Der **linear-progressive Tarif** wird durch zwei weitere Steuerstufen von 24 Prozent ab einem Einkommen von 16.000 Euro und von 36 Prozent ab einem Einkommen von 40.000 Euro ersetzt.*
   Erklären Sie die Begriffe **Grundfreibetrag**, **Eingangssteuersatz** und **linear-progressiver Tarif.**
   Skizzieren Sie einen möglichen Graphen der Tariffunktion.

   Untersuchen Sie, ob diese Tariffunktion die fünf Forderungen aus a) erfüllt.

6	Problematik	Funktion mit mehreren Variablen Einfluss der Variablen; Modellkritik
	Unterrichtsform	Partner-, Gruppenarbeit

Wie hoch dürfen Stöckelschuhe sein?

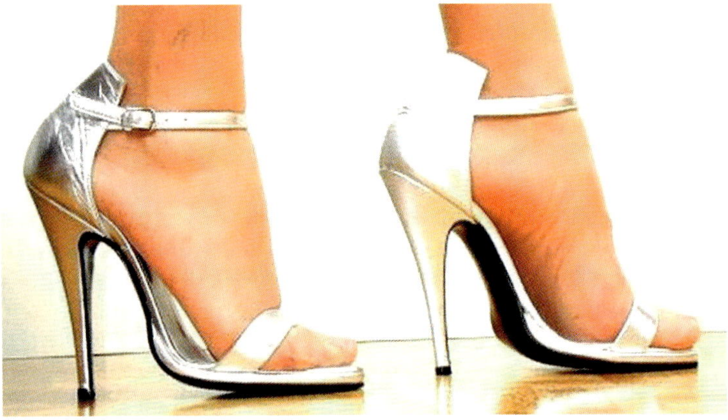

Wie hoch dürfen Stöckelschuhe höchstens sein, ohne dass die Stöckelschuhträgerin ins Straucheln gerät?
Der britische Physiker Paul Stevenson von der University Of Surrey glaubt, die Antwort darauf gefunden zu haben:

$$h = \frac{v \cdot (j+9) \cdot p \cdot \left(12 + \frac{3s}{8}\right)}{(m+1) \cdot (A+1) \cdot (j+10) \cdot (20+p)}$$

(Einheiten werden in der Formel nicht berücksichtigt.)

Dabei steht v für den Sex-Appeal-Wert des Schuhwerks auf einer Skala von 0 bis 1, j gibt die Anzahl der Jahre mit Stöckelschuh-Erfahrung an, p den Kaufpreis in britischen Pfund, m die Anzahl der Monate, seit das Schuhmodell in Mode ist und s die Schuhgröße gemessen in britischer Damengröße.
Besonders wichtig ist der Parameter A, der angibt, wie viele alkoholische Drinks die Dame am Abend wohl zu sich nehmen wird.
Heraus kommt die maximale Absatzhöhe h (in Zentimeter), die die hochhackige Lady gerade noch beherrschen kann.

a) Untersuchen Sie, in welchem Bereich sich die maximale Absatzhöhe für eine junge Frau von 25 Jahren mit 8 Jahren Stöckelschuherfahrung und Schuhgröße 7 (entspricht der deutschen Schuhgröße 41) in nüchternem Zustand bewegt, wenn die Schuhe 200 britische Pfund gekostet haben.
b) Eine bekannte Filmschauspielerin (34 Jahre alt, Schuhgröße 6,5) erscheint auf einer Party mit 13 cm hohen todschicken Stöckelschuhen im neuesten Trend.
Wie viel Pfund hat sie mindestens für diese Schuhe ausgegeben?
Welche Absatzhöhe dürften diese Schuhe höchstens haben, wenn die Schauspielerin am späten Abend nach fünf alkoholischen Drinks die Party noch auf sicheren Beinen verlassen möchte?
c) Untersuchen Sie die Einwirkung der einzelnen Parameter auf die maximale Absatzhöhe.
Welche maximale Absatzhöhe ist nach dieser Formel möglich?
Wie beurteilen Sie die Formel von Stevenson?

7		
	Voraussetzung	Funktionsbegriff
	Problematik	Modellierung; Entwurf eines Bauplans
	Unterrichtsform	Partner-, Gruppenarbeit mit Präsentation der Ergebnisse

Treppenbau – die Schrittmaßregel

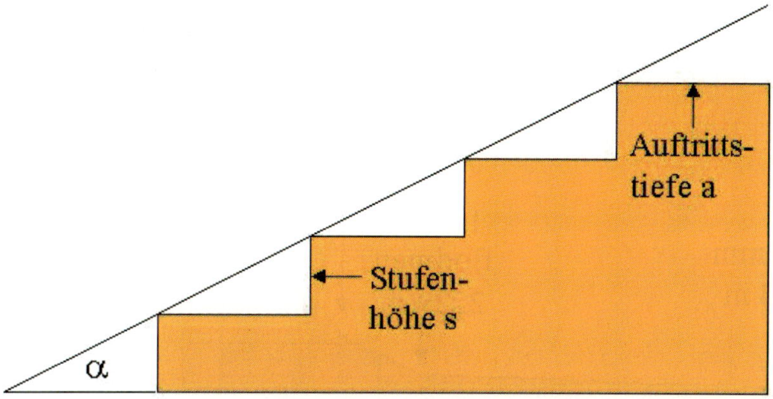

Der französische Mathematiker und Architekt Francois Blondel (1617 – 1686) entwickelte für die Planung und Bemessung von Treppen die so genannte **Schrittmaßregel**

$2s + a = 64$ cm,

wobei er die mittlere Schrittlänge (ca. 64 cm) eines Menschen zugrunde legte.
Bei Treppen mit mittlerem Steigungswinkel ($21° \leq \alpha \leq 36°$) sollte dabei eine Stufenhöhe von 14 cm bis 19 cm eingehalten werden.

a) In welchem Bereich liegen die Auftrittstiefen bei Treppen mit mittlerem Neigungswinkel? Welche Funktion beschreibt die Abhängigkeit der Auftrittstiefe von der Stufenhöhe?

b) Welche Beziehung besteht zwischen dem Neigungswinkel und der Stufenhöhe? Stellen Sie die Abhängigkeit des Neigungswinkels von der Stufenhöhe in einer Tabelle und graphisch dar. Welches ist der minimale, welches der maximale Steigungswinkel?

c) Für flache Freitreppen ($\alpha < 20°$) wird folgende Berechnungsformel empfohlen:

$3s + a = 75$ cm

In einem Park soll an einem Hang mit einem durchschnittlichen Steigungswinkel von 15° eine Treppe angelegt werden. Welche Maße schlagen Sie vor?

d) Die **18-Stufen-Regel** besagt, dass nach höchstens 18 Stufen ein Zwischenpodest vorgesehen werden soll. Die Tiefe des Podestes soll ein Vielfaches der mittleren Schrittlänge betragen. Wenn möglich soll berücksichtigt werden, dass eine ungerade Anzahl von Schritten auf dem Zwischenpodest den Schrittrhythmus beim Treppensteigen unterstützt. Die Freitreppe aus c) soll eine Hanghöhe von 5 m überwinden. Sie sind beauftragt, der Stadtverwaltung einen Plan mit genauen Maßen sowie einem Grund- und Aufriss für die Treppengestaltung vorzulegen. Wie groß ist in Ihrem Plan der durchschnittliche Steigungswinkel der gesamten Treppe?

8	**Problematik**	Abschnittsweise definierte Funktionen; Geradengleichungen; Bestimmung von Funktionstermen

Wie steil ist der Weg zum Monte-Moro-Pass?

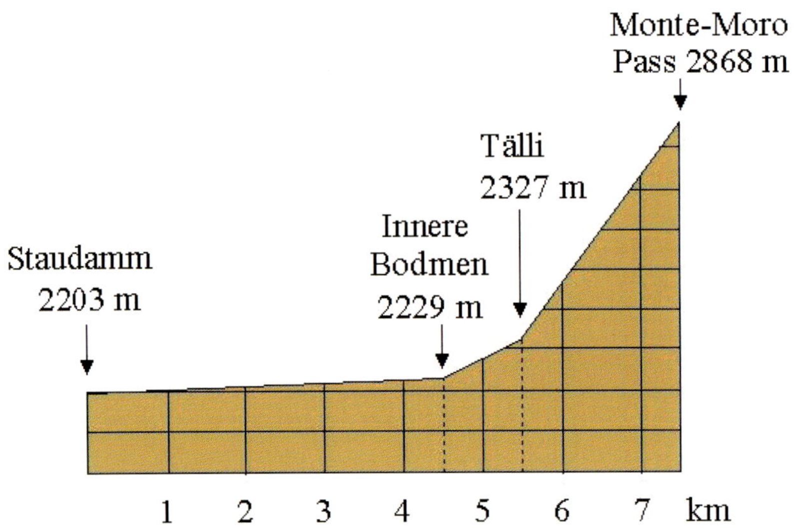

In manchen Wanderbüchern wird der Verlauf eines Weges in einem Höhenprofil vereinfacht dargestellt, damit sich der Leser auf einen Blick über Steigungen und Schwierigkeiten der Tour informieren kann. Das folgende Profil zeigt einen historischen Handelsweg von der Schweiz nach Italien, nämlich vom Mattmark-Stausee in der Nähe von Saas Fee zum Monte-Moro-Pass.

a) Beschreiben Sie den vereinfachten Höhenverlauf des Anstiegs vom Staudamm zum Pass durch einen geeigneten Funktionsterm und stellen Sie diesen graphisch dar.

b) Wie groß ist in den einzelnen Teilbereichen des Weges die durchschnittliche prozentuale Steigung?
Ein Wanderer behauptet, im letzten Teil des Anstiegs hätte der Weg durchschnittlich einen Steigungswinkel von mindestens 30° gehabt. Stimmt dies?

c) Welche Wegstrecke legt ein Wanderer auf seinem Anstieg vom Staudamm zur Passhöhe zurück? Wie groß ist der durchschnittliche Höhengewinn pro Kilometer Weg auf dem gesamten Anstieg?

d) Welche Wegstrecke hat ein Wanderer ab dem Staudamm zurückgelegt, wenn er eine Höhe von 2500 m erreicht?

e) In einem Wanderführer wird die für den Anstieg von der Staumauer bis zur Passhöhe benötigte Zeit mit $2\frac{3}{4}$ bis 3 Stunden angegeben.
Eine Faustregel beim Wandern besagt, dass man pro zurückgelegtem Kilometer in der Horizontalen und pro 100 m Höhenunterschied jeweils mit 10 min rechnen muss. Ordnen Sie nach dieser Regel den Punkten Innere Bodmen, Tälli und Monte-Moro-Pass die entsprechenden Wanderzeiten zu (evtl. nötige Pausen werden nicht berücksichtigt). Vergleichen Sie die nach der Faustregel errechnete Zeit mit der im Führer angegebenen Zeit.

9	Problematik	Funktionsbegriff; lineare Funktionen; abschnittsweise definierte Funktionen

Aufstieg zur Hörnlihütte

Zwei Bergsteigergruppen steigen von Zermatt auf die 3260 m hoch gelegene Hörnlihütte am Fuß des Matterhorns. Beide Gruppen fahren zusammen mit der 1. Seilbahn am Morgen um 7 Uhr in 5 Minuten bis zur Mittelstation Furi (1867 m). Während die gut trainierte Gruppe ab hier zu Fuß zur Bergstation Schwarzsee (2583 m) aufsteigt, fährt die zweite Gruppe mit der Seilbahn in 15 min bis Schwarzsee weiter.
Ab hier nehmen beide Gruppen den gleichen Weg zur Hütte.
Die gut trainierte Gruppe schafft durchschnittlich 350 m Höhenunterschied pro Stunde, die zweite schlechter trainierte Gruppe dagegen im Schnitt nur 220 m Höhenunterschied pro Stunde. Dabei sind die notwendigen Pausen bereits eingerechnet.

a) Bestimmen Sie die beiden Funktionsterme, die für beide Gruppen die erreichte Höhe zum Zeitpunkt t angeben. Stellen Sie beide Funktionen graphisch dar.
b) Wann erreichen die beiden Gruppen die Hörnlihütte?

10	Problematik	Funktionsbegriff; lineare Funktionen
	geeignet als	Einstieg in das Thema „lineare Funktionen“

Wie lang ist ein Schuh der Größe 63?

Deutsche Schuhgrößen richten sich nach der Länge eines Schuhes, wie die folgende Tabelle zeigt:

Deutsche Schuhgröße	20	30	40	50
Schuhlänge in cm	13,3	20,0	26,7	33,4

a) Überprüfen Sie, ob die Zuordnung proportional ist.
b) Stellen Sie die Funktion
Schuhgröße $\rightarrow$ Schuhlänge graphisch dar.
Was fällt Ihnen auf?
Bestimmen Sie einen Funktionsterm für diese Funktion. Geben Sie eine Tabelle mit den Schuhgrößen von 36 bis 46 und den zugehörigen Schuhlängen an.

c) Der 2,42 m große frühere Basketballnationalspieler Alexander Sizonenko aus St. Petersburg hat Schuhgröße 63.
Wie lang sind seine Schuhe?

11		
	Voraussetzungen	Grundkenntnisse aus der Kinematik (freier Fall)
	Problematik	Bestimmung eines Funktionsterms

Wie hoch ist der Turm auf dem Hochfirst?

Nachdem Susanne und Peter den herrlichen Rundblick vom Turm auf dem Hochfirst im Südschwarzwald genossen haben, beschließen sie, mit einem kleinen Experiment die Turmhöhe zu bestimmen.
Sie messen dazu die Falldauer eines kleinen Steines. Peter behauptet, aus der gemessenen Fallzeit von ca. 2,6 s mithilfe der Gesetze des freien Falles sofort die Turmhöhe berechnen zu können. Susanne gibt dagegen zu bedenken, dass man auch die Zeit berücksichtigen müsse, die der Schall vom Aufprall des Steines bis zur Turmspitze braucht.

a) Welche Turmhöhe ergibt sich mit Susannes Überlegung für den Hochfirstturm?
Bestimmen Sie einen Funktionsterm t(h), der die Abhängigkeit der Gesamtzeit von der Turmhöhe angibt und stellen Sie diesen Zusammenhang graphisch dar.
(Schallgeschwindigkeit $340\,\frac{\text{m}}{\text{s}}$)

b) Bei der angewandten Messmethode muss mit einer größeren Messungenauigkeit gerechnet werden.
In welchem Intervall liegt die errechnete Turmhöhe, wenn man von einer Messungenauigkeit von 0,3 s ausgeht?

c) Welche Gesamtzeit errechnet sich, wenn man die tatsächliche Höhe der Plattform von 25 m zugrunde legt? Wie viel Prozent beträgt die Laufzeit des Schalls an der Gesamtzeit?
Ab welcher Turmhöhe beträgt der Anteil der Laufzeit des Schalls an der Gesamtzeit mehr als 10 %?

12		
	Problematik	Funktionale Zusammenhänge
	Voraussetzungen	Grundkenntnisse Kugelgeometrie

Brinell-Härte

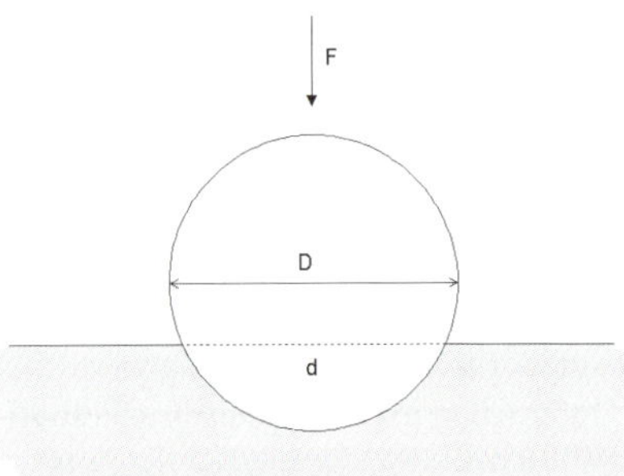

Bei der Materialprüfung eines Werkstoffes spielt auch die Härteprüfung eine große Rolle. So hängt z.B. die Belastbarkeit eines Massivholzfußbodens in erster Linie von der Härte der verwendeten Holzart ab. Bei der Härteprüfung nach ***Brinell*** wird die Härte eines Materials ermittelt, indem eine Kugel mit dem Durchmesser D mit einer definierten Kraft F eine bestimmte Zeit in das Werkstück gedrückt wird und der Durchmesser d des entstandenen Abdrucks genau ausgemessen wird.
Der Härtewert HB nach Brinell wird definiert als Verhältnis der Prüfkraft F zur Größe A der eingedrückten Kugelkappenfläche,

also $\text{HB} = \dfrac{0{,}102 \cdot \text{F}}{\text{A}}$.

Dabei ist der Faktor 0,102 ein Umrechnungsfaktor, der mit der Umrechnung der alten Einheit Kilopond in die heute gebräuchliche Einheit Newton zusammenhängt.
In vielen Fällen wird eine Stahlkugel mit dem Durchmesser D = 10 mm verwendet. Die Prüfkraft F muss so gewählt werden, dass gilt: $0{,}24 \cdot D \le d \le 0{,}6 \cdot D$

a) Zeigen Sie, dass für die Brinellhärte gilt:

$$HB(d) = \frac{0{,}102 \cdot F}{\frac{1}{2} \cdot \pi \cdot D \cdot \left(D - \sqrt{D^2 - d^2} \right)}.$$

Welche Einheit hat die Brinell-Härte HB?
Zeichnen Sie den Graphen von HB für F = 2900 N, D = 10 mm.

b) Die Angabe der Brinell-Härte setzt sich aus der Angabe des Härtewertes und der Prüfbedingungen zusammen.
250 HB 5/200/30 entspricht einem Härtewert von 250 bei einem Durchmesser D = 5 mm, der Prüfkraft F = 200 kp ≈ 1962 N und einer Prüfzeit von 30 s.
Wie groß ist der Durchmesser d des Abdrucks bei einem Werkstück mit der Brinell-Härte 31 HB 10/300/10?

13	**Voraussetzungen**	Grundkenntnisse aus der Kinematik; Funktionsbegriff; lineare Funktionen; abschnittsweise definierte Funktionen
	Zusatzmaterial auf CD	Infoblatt 1: Physikalische Grundkenntnisse Infoblatt 2: Der Anhalteweg
	Problematik	Modellierung; Verkehrserziehung
	Hinweis	Verkehrserziehung ist gerade bei der Gruppe der Führerscheinneulinge in der Oberstufe ein wichtiger Auftrag der Schule

Rücksicht statt Bleifuß

Ein Autofahrer ist in einer „Tempo 30-Zone“ mit einer erhöhten Geschwindigkeit von $50\,\frac{km}{h}$ unterwegs, als in 15 m Entfernung ein Kind zwischen zwei parkenden Autos auf die Straße läuft. Nach einer „Schrecksekunde“ führt er eine Vollbremsung mit einer Bremsverzögerung von $8\,\frac{m}{s^2}$ durch.

a) Bestimmen Sie eine Funktion v, welche die Geschwindigkeit des Autos zum Zeitpunkt t beschreibt und stellen Sie diese graphisch dar.
Wie lange dauert es ab Erkennen der Gefahr, bis das Fahrzeug zum Stillstand kommt?
Kommt das Auto rechtzeitig vor dem Kind zum Stehen?

b) Zeichnen Sie einen Graphen, der die Geschwindigkeit v des Fahrzeugs ab Erkennen der Gefahr in Abhängigkeit vom zurückgelegten Weg s darstellt.
Wie groß ist die Aufprallgeschwindigkeit, wenn das Fahrzeug das Kind erfasst? (Schätzen Sie zuerst, bevor Sie die Aufgabe rechnerisch lösen!)

c) Hätte der Autofahrer den Unfall vermeiden können, wenn er die vorgeschriebene Geschwindigkeit eingehalten hätte?

14	Problematik	Parametrisierte Kurven zur Beschreibung einer Bewegung; Schwenkpunkte; Geschwindigkeit; Bogenlänge (e)
	CAS/GTR	sinnvoll

Küstenwache

Eine Küstenwache im Nationalpark „*Niedersächsisches Wattenmeer*“ beginnt ihre Patrouillenfahrt im Norden von Wangerooge, fährt nördlich um die Vogelschutzinsel Mellum herum, rechts am Leuchtturm „Hohe Weg“ vorbei. Vor dem Ölhafen von Wilhelmshaven wendet das Boot, um schließlich quer durch das Watt „der Hohe Weg“ (die Wesermündung querend) nördlich von Schmarren die Küste zu erreichen.
Die Bewegung des Küstenbootes wird durch folgende Bewegungsgleichung beschrieben:

$$\vec{s}(t) = \begin{pmatrix} x(t) \\ y(t) \end{pmatrix} = \begin{pmatrix} 9(t^3 - t) \\ 1{,}5(t^4 - 4t) \end{pmatrix}$$

mit t Zeit in h
x in km (West–Ostrichtung)
y in km (Süd–Nordrichtung)

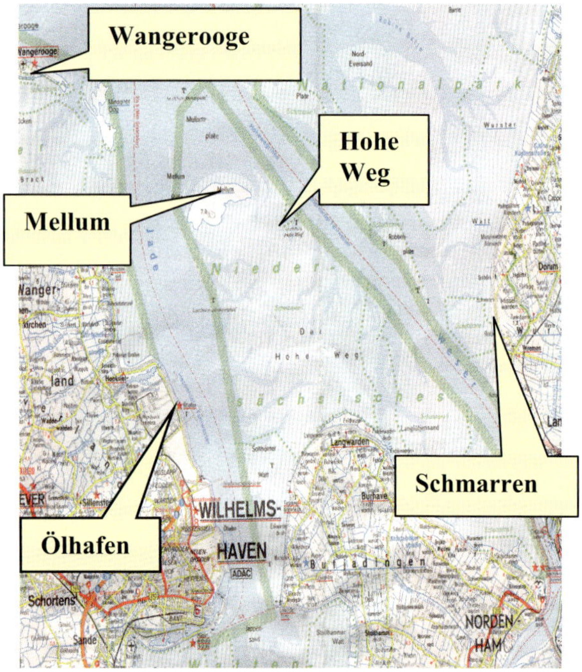

a) Geben Sie einen sinnvollen Definitionsbereich für t und eine dazugehörige Wertetabelle (ca. 10 Werte) an, so dass Sie den oben beschriebenen Kurs zwischen Wangerooge und Schmarren erhalten. Fertigen Sie eine Skizze der Bewegungskurve in einem sinnvollen Ausschnitt des Koordinatensystems an.

Um 6.20 Uhr befindet sich das Boot nördlich der Insel Mellum im Koordinatenpunkt A(0/...). Zu diesem Zeitpunkt ist das Schiff bereits eine halbe Stunde unterwegs.

b) Geben Sie die Koordinaten des Startpunktes an. Welches ist der südlichste Punkt des Kurses? Zu welcher Uhrzeit erreicht das Schiff diesen Punkt? Wie viel Kilometer hat das Schiff dann in Nord-Südrichtung zurückgelegt?
c) Bestimmen Sie die Schwenkpunkte der Kurve.
d) Zu welchem Zeitpunkt und an welchem Ort erreicht das Boot zwischen 6.40 Uhr und 8.00 Uhr seine größte Geschwindigkeit?
e) Welche Gesamtstrecke hat das Küstenboot zwischen seinem Start und der Ankunft um 8.55 Uhr zurückgelegt?
f) Welchen Kurs fährt das Boot um 7.20 Uhr? Geben Sie den Kurs als Winkel gegenüber der Nordrichtung an.

15	Problematik	Parametrisierte Kurven
	CAS/GTR	sinnvoll

Segelwettbewerb

Der Louis Vuitton Cup (Segelwettbewerb) fand im Dezember 2002 im Golf von Hauraki vor Auckland statt. Die Teilnehmer mussten mehrfach eine bestimmte Route segeln. Sieger wurde die ***Oracle BMW***. Einer ihrer zurück-gelegten Segelkurse lässt sich näherungsweise durch die folgende Bewegungsgleichung beschreiben:

$$\vec{s}(t) = \begin{pmatrix} x(t) \\ y(t) \end{pmatrix} = \begin{pmatrix} -2t^2 - a \cdot t \\ t^3 - t \end{pmatrix}$$

x(t) Bewegung in West-Ost-Richtung
y(t) Bewegung in Süd-Nord-Richtung
t Zeit in min.

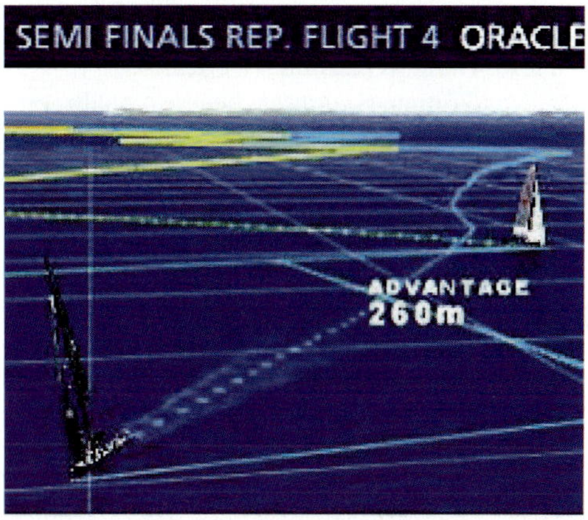

a) Je nach Wahl des Parameters werden durch $\vec{s}(t)$ ganz unterschiedliche Segelkurse beschrieben. Skizzieren und beschreiben Sie typische Kurven für $a \in [-4;4]$.
Wählen Sie für die Skizze jeweils einen sinnvollen Ausschnitt.
Welche Besonderheiten fallen Ihnen auf?

Der tatsächlich gefahrene Kurs der ***Oracle*** entsteht für a = 0,25. Die ***Oracle*** startete zum Zeitpunkt t = –2 min an der gedachten Start-Ziellinie, die in Nord-Süd-Richtung verläuft.

b) Bestimmen Sie die Bahngeschwindigkeit der ***Oracle*** und interpretieren Sie das Ergebnis hinsichtlich des Segelkurses.
c) Zu welchen Zeitpunkten erreicht die ***Oracle*** bei diesem Kurs ihre größte/kleinste Geschwindigkeit in x-Richtung bzw. y-Richtung? Welche Bedeutung haben die Punkte?
d) Bestimmen Sie weitere besondere Punkte des Segelkurses und ihre Bedeutung für die Fahrt der ***Oracle***.
e) Wann und wo überquert die ***Oracle*** wieder die Ziellinie? Wie weit liegen Start- und Zielpunkt auseinander? (Maßstab 1 LE = 100 m)
f) Welche Strecke hat die ***Oracle*** vom Start bis zum Zielpunkt zurückgelegt? Welche durchschnittliche Geschwindigkeit hatte das Boot?

16	Voraussetzungen	Physikalische Grundkenntnisse (Schiefer Wurf)
	Problematik	Modellierung mit quadratischen Funktionen

Das Tor aus dem Raritäten-Kabinett

Alex Alves erzielt ein Tor aus dem Mittelkreis

BERLIN, 1. Oktober 2000. Dieter Hoeneß geriet nach dem 4:2 von Hertha BSC gegen den 1. FC Köln in Erklärungsnot. ... Er sollte seine Gefühle beim Anblick des außergewöhnlichen Treffers von Alex Alves beschreiben, der vom Mittelkreis aus den Ball über die Distanz von 52 Metern ins Kölner Tor gedroschen hatte. ...

a) Versuchen Sie, eine mögliche Flugkurve des Balls bei diesem sensationellen Torschuss zu simulieren. Gehen Sie dazu davon aus, dass der Schütze den optimalen Abflugwinkel traf und der Ball sich in der Tormitte genau unter der Querlatte ins Tor senkte (Abstand Unterkante der Querlatte - Boden 2,44 m; Umfang des Balls zwischen 68 cm und 71 cm).
Was können Sie unter diesen Annahmen über die Anfangsgeschwindigkeit des Balls sagen?
b) Wie weit musste der Torwart bei diesem Modell vor dem Tor stehen, damit er den Ball auch bei einer Reichweite (im Sprung) von 3 m nicht abwehren konnte?

17		
	Voraussetzungen	Physikalische Grundkenntnisse (Schiefer Wurf);
	Unterrichtsform	Gruppenarbeit
	Problematik	Modellierung; Modellkritik; Extremwertberechnung (mit oder ohne Differentialrechnung)
	CAS/GTR	für das Zeichnen der Graphen der Funktionenschar in Teil c) notwendig

Wie weit fliegt die Kugel?

Bei den Deutschen Meisterschaften 2001 in Stuttgart erzielte Oliver-Sven Buder im Kugelstoß-Wettbewerb eine Weite von 19,97 m. Messungen ergaben bei diesem Versuch eine Abstoßhöhe $h_0 = 2{,}28$ m, einen Abstoßwinkel $\alpha = 34{,}4°$ und eine Abstoßgeschwindigkeit $v_0 = 13{,}4\ \frac{m}{s}$.

a) Die Flugkurve der Kugel kann durch eine Funktion der Art

$$f(x) = -\frac{g}{2 \cdot {v_0}^2 \cdot \cos^2(\alpha)} \cdot x^2 + \tan(\alpha) \cdot x + h_0 \quad \text{für } x \geq 0$$

beschrieben werden.

Dabei bedeutet $g = 9{,}81\ \frac{m}{s^2}$ die Fallbeschleunigung.

Bestimmen Sie für den Versuch von Oliver-Sven Buder den zugehörigen Funktionsterm und stellen Sie die Funktion graphisch dar.

b) Welche Stoßweite erhalten Sie bei diesem Modell, wie erklären Sie die Abweichungen von der gemessenen Stoßweite?
c) Untersuchen Sie, ob Oliver-Sven Buder bei gleicher Abstoßhöhe und gleicher Abstoßgeschwindigkeit, aber bei verändertem Abstoßwinkel eine größere Weite hätte erzielen können. Zeichnen Sie dazu für verschiedene Werte von α $(34° \leq \alpha \leq 44°)$ die verschiedenen Flugkurven und ermitteln Sie daraus einen Näherungswert für α_{opt}.
d) Ein Sporthalle hat eine lichte Höhe von 7 m. Könnte ein hochklassiger Kugelstoß-Wettbewerb wie z.B. eine Hallenweltmeisterschaft der Männer in dieser Halle durchgeführt werden?

18	Problematik	Modellierung mithilfe einer quadratischen Funktionenschar

Hochsprung – eine Frage der Technik?!

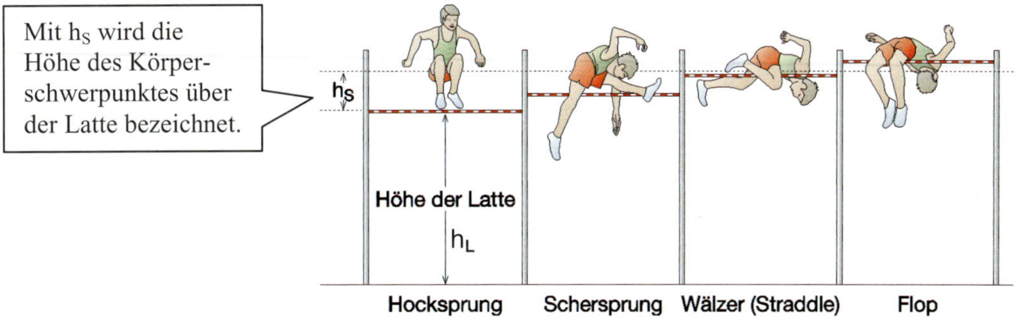

h_S beträgt beim Hocksprung etwa 0,40 m, beim Schersprung 0,25 m, beim Wälzer 0,05 m und beim Flop – 0,09 m.
In der obigen Abbildung sind verschiedene Techniken beim Hochsprung dargestellt. In allen vier Fällen lässt sich die Bahnkurve des Körperschwerpunktes durch eine Parabel beschreiben. Stehend befindet sich der Körperschwerpunkt in einer Höhe von $0{,}6 \cdot \text{Körpergröße}$. Die Absprungweite w kann mit 0,8 m angenommen werden.

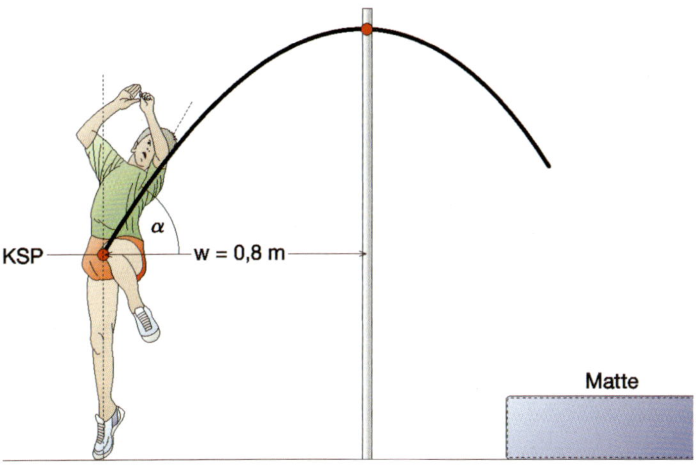

a) Warum wird der Flop-Sprung von den Profis praktiziert?
b) Stellen Sie zunächst Ihre <u>eigene</u> Bahnkurve mit Hilfe einer quadratischen Funktion auf. Dabei soll h_S als Parameter aufgefasst werden. Verwenden Sie für die Lattenhöhe h_L Ihre persönliche Bestmarke.
c) Bestimmen Sie eine Funktion, die in Abhängigkeit von h_S den Absprungwinkel beschreibt, und berechnen Sie anschließend für die vier verschiedenen Techniken den jeweiligen Absprungwinkel.
Begründen Sie, warum der geringere Absprungwinkel ein weiteres Argument für den Flopsprung darstellt.

19	Problematik	Geradengleichungen; Länge einer Strecke

Gasleitung

Das städtische Gasleitungsnetz besteht aus einem unterirdischen Leitungssystem, Gasschiebern und Wassertöpfen. Mithilfe der Gasschieber kann die Gaszufuhr für bestimmte Straßenabschnitte unterbrochen werden, mittels der Wassertöpfe wird das bisweilen in den Leitungen entstehende Kondenswasser abgeleitet. Die Regelung des Drucks erfolgt oberirdisch an den entsprechenden Reglerstationen der einzelnen Stadtteile. Um im Falle von Wartungsarbeiten die Gasschieber und Wassertöpfe lokalisieren zu können, werden z.B. an Hauswänden Schilder angebracht. Diese verweisen auf senkrecht über den Gasschiebern und Wassertöpfen liegende Zugangsstellen.
Das Foto zeigt solche Schilder für den Gasschieber Nr. 815 (S) und den Wassertopf Nr. 1593 (WT). Die Zahlen sind wie folgt zu interpretieren: Steht man mit dem Rücken zur Hauswand vor dem Schild und läuft von dort 5,3 m geradeaus nach vorne und anschließend 4,4 m senkrecht dazu nach rechts, so erreicht man die Zugangsstelle zum Wassertopf. Dieser ist mit dem Gasschieber durch eine geradlinig verlaufende Gasleitung mit dem Rohrdurchmesser 150 mm verbunden.

a) Die Leitung zwischen dem Gasschieber und dem Wassertopf soll ausgetauscht werden. Bestimmen Sie die benötigte Rohrlänge.
b) Auf dem Foto fehlt das auf Gasschieber Nr. 814 verweisende Schild. Dieser Schieber ist Teil der gleichen geradlinig verlaufenden Leitung, wobei der Wassertopf zwischen beiden Schiebern und 2,4 m von Schieber Nr. 814 entfernt liegt. Zeichnen Sie das entsprechende Schild.

20	Problematik	Extremwertberechnung mit quadratischer Zielfunktion mittels Differentialrechnung;

Wohin geht die Reise?

Um 9 Uhr morgens befindet sich der Öltanker „Cantona“ genau 40 sm (Seemeilen, 1 sm = 1,852 km) östlich des Kreuzfahrtschiffes „Princess Jane“. Die „Cantona“ fährt mit einer Geschwindigkeit von 10 Knoten ($1 \text{ Knoten} = 1\frac{\text{sm}}{\text{h}}$) in nördliche Richtung, die „Princess Jane“ auf einem Kurs in östlicher Richtung mit einer Geschwindigkeit von 15 Knoten. Beide Schiffe halten Kurs und Geschwindigkeit über einen längeren Zeitraum exakt bei.

a) Um wie viel Uhr ist der Abstand zwischen den beiden Schiffen am geringsten?
b) Wie groß ist der minimale Abstand? Welche Strecke haben die beiden Schiffe seit 9 Uhr bis zu diesem Zeitpunkt zurückgelegt?

21	Problematik	Regression; Modellierung
	CAS/GTR	für a) sinnvoll

Mindestens 14 Tote durch Hurrikan „Ivan“

Windstärken werden in der 1806 von dem britischen Admiral Sir Francis Beaufort entwickelten ***Beaufort-Skala*** gemessen. Die ursprünglich 13-teilige Skala wurde 1949 auf Beschluss der Internationalen Meteorologischen Organisation auf 17 Stufen erweitert.

Windstärke nach Beaufort	Bezeichnung der Windstärke	Windgeschwindigkeit (in km/h) min - max
0	Stille	< 1
1	Leiser Zug	1 - 5
2	Leichte Brise	6 - 11
3	Schwache Brise	12 - 19
4	Mäßige Brise	20 - 28
5	Frische Brise	29 - 38
6	Starker Wind	39 - 49
7	Steifer Wind	50 - 61
8	Stürmischer Wind	62 - 74
9	Sturm	75 - 88
10	Schwerer Sturm	89 - 102
11	Orkanartiger Sturm	103 - 117
12	Orkan	> 117

a) Stellen Sie die Zuordnung Windstärke (nach Beaufort) $\rightarrow$ Windgeschwindigkeit graphisch dar. Da in der Tabelle Intervalle für die Windgeschwindigkeiten angegeben sind, soll der Mittelwert des jeweiligen Intervalls verwendet werden.
Bestimmen Sie einen Funktionsterm, der den Windstärken näherungsweise die zugehörigen Windgeschwindigkeiten zuordnet.
Vervollständigen Sie damit die Tabelle für die Windstärken 13 bis 17.

b) In der Literatur wird als Zusammenhang zwischen der Windstärke B und der Windgeschwindigkeit v (in km/h) die Formel

$$v = 3{,}01 \cdot \sqrt{B^3}$$

angegeben. Vergleichen Sie für die Windstärken 13 bis 17 die mit dieser Formel ermittelten Windgeschwindigkeiten mit den Funktionswerten Ihrer Näherungsfunktion aus Teil a).

c) Der Hurrikan „Ivan“ hat im September 2004 eine Spur der Verwüstung durch die Karibikstaaten Grenada sowie Trinidad und Tobago gezogen und dabei mindestens 14 Menschen in den Tod gerissen. Dabei wurden Höchstgeschwindigkeiten von maximal 255 km/h gemessen. Welcher Windstärke auf der Beaufort-Skala würde diese Höchstgeschwindigkeit rechnerisch entsprechen, wenn man die Skala über die Stufe 17 hinaus fortsetzen würde?

22	**Voraussetzungen**	Wurzelfunktionen und ihre Ableitungen; Grundkenntnisse aus der Optik; Parabeln
	Hinweis	Für die Teile b) und c) je nach Leistungsstärke Hilfen zum Lösungsweg geben

Der „Sonnenofen“ von Odeillo

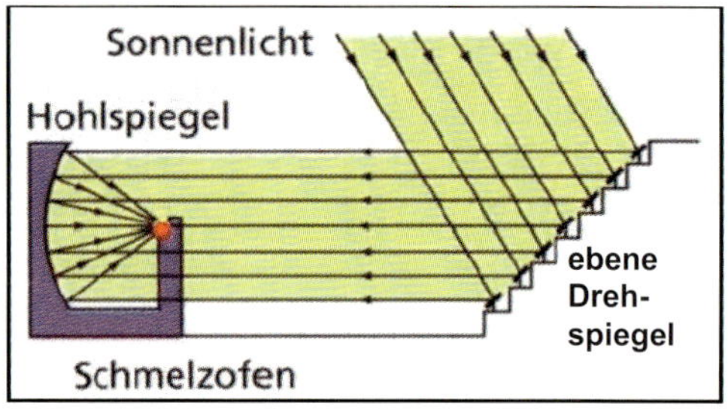

Der „Sonnenofen“ von Odeillo in den französischen Pyrenäen wird seit 1972 zu Forschungszwecken betrieben. Insgesamt 63 ebene Drehspiegel, die je nach Stand der Sonne nachgeführt werden, reflektieren das Sonnenlicht auf den 2000 m^2 großen Parabolspiegel, der dann seinerseits die Strahlung auf den 625 cm^2 großen Absorber konzentriert. Die dabei erzeugte Temperatur kann bis zu 4000 °C betragen.

a) Parabolspiegel haben die Eigenschaft, dass achsenparallel einfallende Strahlen so reflektiert werden, dass sie sich in einem Punkt auf der Achse, dem Brennpunkt F, treffen. Der nebenstehende Querschnitt eines Parabolspiegels zeigt eine nach rechts geöffnete Parabel. Welcher der achsenparallelen Strahlen verläuft nach der Reflexion orthogonal zur x-Achse? (Gehen Sie davon aus, dass der Parabolspiegel „genügend hoch“ ist.)
Bestimmen Sie anhand dieses Strahls die Lage des Brennpunktes.

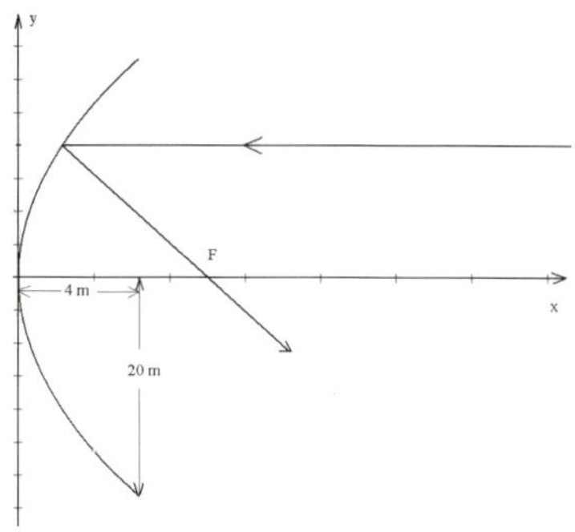

b) Gegeben ist eine nach rechts geöffnete Parabel durch die Gleichung $y^2 = 2 \cdot p \cdot x$; $p > 0$.
Bestimmen Sie wie in a) die allgemeine Lage des Brennpunktes F in Abhängigkeit von p. Zeigen Sie anhand elementar-geometrischer Überlegungen, dass ein achsenparallel einfallender Strahl, der in einem beliebigen Punkt B der Parabel reflektiert wird, nach der Reflexion durch F verläuft.

c) Ein Drehspiegel muss so gedreht werden, dass ein einfallender Sonnenstrahl achsenparallel in Richtung des Parabolspiegels reflektiert wird. Wählen Sie zur Vereinfachung einen um den Ursprung drehbaren Drehspiegel. Welche Beziehung muss zwischen der Steigung m_1 des Drehspiegels und der Steigung m_2 eines einfallenden Strahles bestehen, damit dieser einfallende Strahl nach der Reflexion achsenparallel in Richtung des Parabolspiegels verläuft?

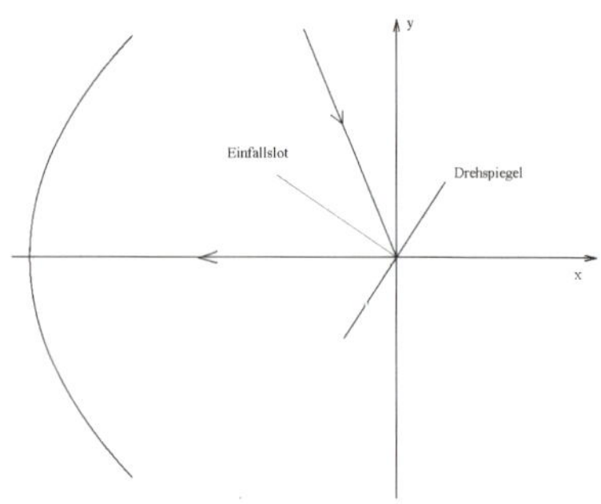

23	Problematik	Extremwertaufgabe mit quadratischer Zielfunktion

Steig ein in die Online-Welt mit D-Online...

D-Online „Fun“ *Unser Tipp*

Ihre Eintrittskarte in die große Welt des Internets!

- pro Monat 4,95 € Grundgebühr
- nur 1,59 ct/min.

Umfrage

Das Marktforschungsinstitut „Ihre Meinung“ führte eine Umfrage unter D-Online-Kunden durch. Dabei stellte sich heraus, dass der durchschnittliche D-Online-Kunde für jede Preissenkung um 0,05 ct pro Minute $1\frac{1}{2}$ Stunden pro Monat mehr surfen würde.

Millionen leben online mit D-Online

Unsere 13,1 Millionen Kunden stehen im Mittelpunkt unseres Handelns. Im Zugangsgeschäft konnten wir auch im Geschäftsjahr 2003 weiter deutliches Wachstum verzeichnen. Rund 890 000 Neukunden haben sich für einen Internet-Zugang über D-Online entschieden. Damit ist die Zahl unserer Kunden um 7,3 Prozent gestiegen.

Internetnutzung steigt

Gerade in Deutschland gehört das Internet inzwischen zu den etablierten Mediensäulen: Fast jeder Zweite ist im Netz (über 33 Millionen Internetnutzer in Deutschland) und das mit einer durchschnittlichen Nutzungsdauer von mehr als 30 Minuten täglich.

a) Bestimmen Sie die aktuellen monatlichen Einnahmen aus dem „Fun-Tarif“ für den Fall, dass 30% der D-Online-Kunden diesen Tarif wählen.

b) Berechnen Sie den Online-Preis pro Minute, für den die Einnahmen von D-Online im „Fun-Tarif“ bei gleichbleibender Grundgebühr pro Monat **maximal** werden. (Bei der Rechnung soll von einem gleichbleibenden Kundenstamm ausgegangen werden.)
Würde sich eine Änderung des Online-Preises wirtschaftlich lohnen?

24	Problematik	Lineare, quadratische und exponentielle Regressionen mithilfe von CAS und GTR

Mehr Strom aus Windenergie

a) Stellen Sie die Entwicklung der Stromerzeugung und der installierten Leistung in den Jahren 1998 bis 2003 in einem Koordinatensystem dar.
Welche funktionalen Zusammenhänge vermuten Sie?
Begründen Sie Ihre Ansätze und bestimmen Sie geeignete Näherungsfunktionen für beide Entwicklungen.

b) Welche Prognose würden Sie mit Ihrem Modell für die Stromerzeugung durch Windenergie im Jahr 2010 abgeben?

25	Problematik	Länge einer Strecke; abschnittsweise definierte Funktion; Wurzelfunktion

Seilbahn über den Rhein

Seit über 40 Jahren fährt in Köln eine Seilbahn auf der Höhe von Zoo und Rheinpark nahezu waagerecht über den Rhein. Mehr als 13 Millionen Fahrgäste schwebten seit der Bundesgartenschau 1957 über dem Fluss und genossen dabei Kölns atemberaubendes Panorama.
Die Gondeln hängen mit einer Rolle an einem Seil, das über zwei hohe Metallmasten quer über den Rhein gespannt ist.
Zur Vereinfachung denken wir uns eine Seilbahn, bei der nur eine einzige Gondel am Seil hängt.

a) Bestimmen Sie die Länge des Seils.
Welche Funktion beschreibt das Seil, wenn die Gondel wie in der Zeichnung 50 m vom linken Mast entfernt ist? Zeichnen Sie den Graphen dieser Funktion.
b) Wie tief hängt der Boden der Gondel unter der Horizontalen durch die Aufhängepunkte des Seils, wenn die Gondel in der Mitte zwischen den beiden Masten angelangt ist?
c) Auf welcher Kurve bewegt sich die Rolle auf dem Seil, wenn die Gondel vom linken zum rechten Ufer fährt?
Zeichnen Sie diese Kurve in das Koordinatensystem aus a) ein.

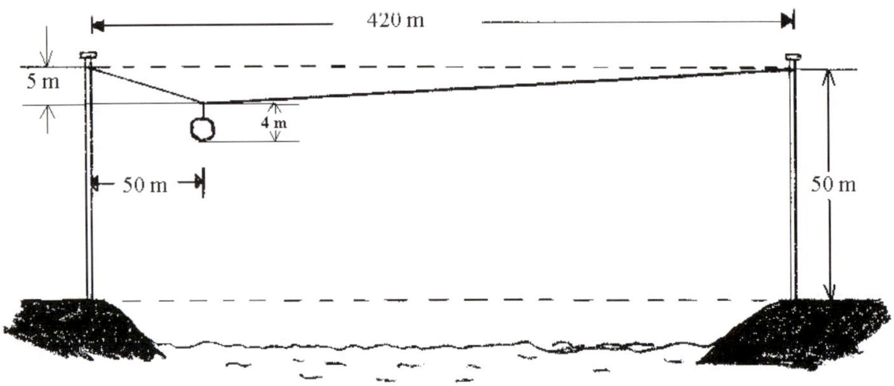

26		
	Voraussetzungen	gebrochenrationale Funktionen
	Problematik	Umgang mit Themen und Begriffen aus der Wirtschaft
	Zusatzmaterial auf CD	Glossar mit wirtschaftlichen Begriffen

Break-Even-Point

Bei der Herstellung eines neuen Speichermediums entstehen der Herstellerfirma Fixkosten in Höhe von 75 000 € und Stückkosten von 6,44 €. Die Herstellerfirma verkauft das Speichermedium an den Zwischenhandel zu einem Preis von 12,95 €.

a) Erläutern Sie die Begriffe Fix- und Stückkosten, Erlös und Gewinn. Nennen Sie einige Beispiele von Produktionsfaktoren, die bei den Kostenarten eine Rolle spielen.
Geben Sie die Erlösfunktion E, die Kostenfunktion K und die Gewinnfunktion G an.

b) Welche Funktionen beschreiben die Gesamtkosten pro Stück bzw. den Gewinn pro Stück? Stellen Sie diese in einem geeigneten Intervall graphisch dar.

c) Als „***Break-Even-Point***" bezeichnet man diejenige Produktionsmenge, bei der die Firma in die Gewinnzone eintritt. Bestimmen Sie diesen Punkt.

d) Welche Auswirkung hat es auf den Break-Even-Point, wenn die Firma bei gleichem Verkaufspreis ihre Fixkosten zwar um 8 % reduzieren kann, die Stückkosten aber um 5 % steigen?

27		
	Voraussetzungen	gebrochenrationale Funktionen
	Problematik	Umgang mit Themen und Begriffen aus der Wirtschaft
	CAS/GTR	beim Lösen der Gleichungen hilfreich
	Zusatzmaterial auf CD	Glossar mit wirtschaftlichen Begriffen

Bei welchem Preis wird der größte Gewinn erzielt?

Bei der Produktion von Espressomaschinen entstehen der Firma „Bianchi" pro Arbeitswoche Kosten, die bei einer Kapazitätsbegrenzung von 350 Maschinen durch die Kostenfunktion K mit

$K(x) = 0{,}0003 \cdot x^3 - 0{,}058 \cdot x^2 + 5{,}91 \cdot x + 124{,}5$ (in 100 €)

beschrieben werden können.

a) Skizzieren Sie den Verlauf der Stückkostenfunktion.
Bestimmen Sie das ***Betriebsoptimum***, d.h. die wöchentliche Produktionsmenge, bei der die Stückkosten am geringsten sind.
Welchen Verkaufspreis muss „Bianchi" mindestens für eine Espressomaschine verlangen, um mit Gewinn arbeiten zu können?

b) Im Einzelhandel werden die Espressomaschinen von „Bianchi" zu einem Preis von 599 € verkauft. Bestimmen Sie die Gewinnzone und das Gewinnmaximum. Gehen Sie davon aus, dass alle produzierten Maschinen zu diesem Preis verkauft werden.

c) Aufgrund der Konkurrenzsituation auf dem Markt startet "Bianchi" eine Marktanalyse, um festzustellen, bei welchem Preis ein höherer Absatz erzielt werden könnte. Die Befragung ergibt, dass bei einem Preis von 540 € durchschnittlich 350 Espressomaschinen wöchentlich verkauft werden könnten, dagegen bei einem Preis von 599 € nur 250 Maschinen abgesetzt werden. Welche ***Preis-Absatz-Funktion*** beschreibt dieses Käuferverhalten, wenn man von einem linearen Zusammenhang zwischen Preis und Absatz ausgeht? Bei welchem Verkaufspreis und welchem Absatz würde danach das Gewinnmaximum erzielt?

28	Voraussetzungen	gebrochenrationale Funktionen; nicht-lineares Gleichungssystem
	Problematik	Umgang mit Themen und Begriffen aus der Wirtschaft
	Hinweis	Lösung von c) mit oder ohne Differenzialrechnung möglich

Minimalkosten

In einem landwirtschaftlichen Versuchsgut werden Untersuchungen über die Kosten und Erträge beim Maisanbau durchgeführt. Hierzu wird auf einer größeren Anzahl von Anbauflächen gleicher Größe jeweils die gleiche Menge und die gleiche Sorte Saatgut ausgesät, die Flächen werden aber unterschiedlich intensiv bearbeitet und gedüngt. Die nachfolgende Tabelle zeigt den Ertrag in kg pro Versuchsfläche in Abhängigkeit von der eingesetzten Düngermenge x in kg und der Anzahl y der aufgewendeten Arbeitsstunden.

y \ x	2	3	4	5	6	7	8	9
5	59	62	66	69	75	77	79	81
6	62	69	77	81	83	85	87	97
7	66	77	82	85	89	94	107	115
8	69	81	85	97	106	115	119	121
9	75	83	89	106	110	118	122	126
10	77	85	94	115	118	124	134	139

a) Es gibt verschiedene Paare von Düngermengen und Arbeitsstunden, die den gleichen Ertrag liefern. Stellen Sie für den Ertrag 85 kg die zugehörigen Paare graphisch dar. Die Punkte liegen auf dem Graphen einer Funktion f der Art $f(x) = \frac{a}{x-b} + c$.
Bestimmen Sie die Parameter a, b und c. Geben Sie den Definitionsbereich von f an.
Wie interpretieren Sie das Verhalten von f für $x \to b$ bzw. $x \to \infty$?

b) Betrachten Sie jetzt andere Paare, die jeweils den gleichen Ertrag liefern. Auf welchen Graphen liegen diese Paare? Was fällt Ihnen auf?
Auf welchem Graph liegt demnach das Paar mit dem geringsten Ertrag der Versuchsreihe?
Zeichnen Sie einige Graphen dieser Schar.

c) Die Kosten für eine Arbeitsstunde betragen 32 €, für 1 kg Dünger 2,40 €. Die Gesamtkosten der verschiedenen Kombinationen an Düngermenge x und Arbeitsstunden y, die einen Ertrag von 85 kg Mais erbringen, sind sehr unterschiedlich.
Zeigen Sie: Die Kombinationen (x/y), die die gleichen Kosten K erzeugen, liegen auf der Geraden mit der Gleichung $y = -0{,}075x + \frac{K}{32}$. Untersuchen Sie, ob es Paare (x/y) gibt, die den Ertrag 85 kg bei Kosten von 236 € (bzw. von 144 €) liefern.
Bestimmen Sie dasjenige Paar (x/y), das den Ertrag 85 kg bei minimalen Kosten liefert.

29		
	Voraussetzungen	Geometrische Folgen
	Problematik	Umgang mit Themen und Begriffen aus der Wirtschaft
	Zusatzmaterial auf CD	Glossar mit wirtschaftlichen Begriffen

Lineare und degressive Abschreibung

Firmen können Gegenstände ihres Betriebsvermögens wie z.B. Maschinen, Fahrzeuge oder Gebäude abschreiben. Eine Abschreibung erfasst die Wertminderung des Gegenstandes, die durch Nutzung, Verschleiß oder technischen Fortschritt hervorgerufen wird. Durch die Abschreibung wird der steuerpflichtige Gewinn verringert und die Anschaffungskosten des Gegenstandes auf die Dauer der Nutzung verteilt.
Man unterscheidet zwischen ***linearer und degressiver Abschreibung***:
Bei der linearen Abschreibung werden die Anschaffungskosten auf die voraussichtliche Dauer der Nutzung verteilt und in konstanten Jahresbeträgen abgesetzt.
Die degressive Abschreibung ist eine Abschreibung mit abnehmenden Jahresbeträgen. Der Abschreibungssatz bezieht sich immer auf den Restwert des zurückliegenden Jahres. Der Abschreibungssatz darf maximal das Zweifache des linearen Abschreibungssatzes betragen, der sich bei gleicher Nutzungsdauer ergibt, und 20 % nicht übersteigen.

a) Eine Vinothek lässt ihren Verkaufsladen für 84 000 € komplett erneuern und möchte die neue Ladenausstattung bei einer Nutzungsdauer von 12 Jahren abschreiben.
Wie hoch ist der Abschreibungssatz und der Abschreibungsbetrag bei linearer Abschreibung?
Die Vinothek entscheidet sich für eine degressive Abschreibung mit dem zweifachen linearen Abschreibungssatz. Legen Sie eine Tabelle mit den jährlichen Abschreibungsbeträgen sowie den entsprechenden Restwerten für diese 12 Jahre an.
Welche Terme geben den Restwert R(n) und den Abschreibungsbetrag a(n) im n-ten Abschreibungsjahr bei degressiver Abschreibung an?
Stellen Sie die Restwerte bei linearer und degressiver Abschreibung graphisch dar.

b) Vergleichen Sie den Restwert am Ende der Nutzungsdauer bei einer linearen bzw. degressiven Abschreibung. Was fällt Ihnen auf?
Welchen Vorteil hat anfangs die degressive gegenüber der linearen Abschreibung?

c) Der Gesetzgeber lässt zu, dass der Unternehmer nach einigen Jahren von der degressiven zur linearen Abschreibung wechselt. Beim Wechsel wird der lineare Abschreibungsbetrag aus dem Restwert des Vorjahres und der verbleibenden Restnutzungsdauer ermittelt.
Für welchen Zeitpunkt würden Sie der Vinothek diesen Wechsel empfehlen? Begründen Sie Ihre Entscheidung.

d) Bestimmen Sie allgemein den Zeitpunkt t_0, ab dem es bei einer degressiven Abschreibung mit dem Abschreibungssatz p und einer Nutzungsdauer von m Jahren günstiger wird, von der degressiven zur linearen Abschreibung zu wechseln.
Zeigen Sie, dass für t_0 gilt: $t_0 \geq m + 1 - \frac{100}{p}$.

30		
	Voraussetzungen	Lösen von Extremwertproblemen mittels Differentialrechnung; Quotientenregel
	Problematik	Umgang mit Themen und Begriffen aus der Wirtschaft
	CAS	für Rechnungen und Zeichnungen hilfreich
	Zusatzmaterial auf CD	Glossar mit wirtschaftlichen Begriffen

Cournotscher Punkt

Die Firma „Fit and fun" hat für Deutschland das Alleinvertriebsrecht eines US-Patentes für ein neuartiges Bauchmuskeltrainingsgerät erworben. Um den optimalen Preis für das neue Gerät zu bestimmen, ermittelt ein Marktforschungsunternehmen in einer Umfrage das Käuferverhalten in Abhängigkeit von der Höhe des Verkaufspreises. Danach könnte bei einem Preis von 99 € ein wöchentlicher Absatz von 1325 Geräten, bei einem Preis von 129 € allerdings nur noch von 573 Geräten erreicht werden.

a) Welche ***Preis-Absatz-Funktion*** erhalten Sie, wenn Sie von einem linearen Zusammenhang ausgehen? Wie interpretieren Sie die Preis-Absatz-Funktion, welchen Definitionsbereich halten Sie für sinnvoll? Welchen Erlös E in Abhängigkeit vom Absatz x würde demnach „Fit and fun" machen, wenn man jeweils den beim Absatz x möglichen Preis p zugrunde legt?

b) Bei der Produktion des Trainingsgerätes entstehen der Firma Kosten K (in €), die in Abhängigkeit vom Output x (Anzahl der produzierten Geräte) durch die Kostenfunktion $K(x) = -0{,}000017x^3 + 0{,}0597x^2 + 42{,}43x + 817$ beschrieben werden können.
Stellen Sie die Preis-Absatz-Funktion und die Stückkostenfunktion graphisch dar.
Bestimmen Sie das ***Betriebsoptimum***, bei dem die Stückkosten minimal werden.

c) Als ***Cournotschen Punkt*** bezeichnet man denjenigen Punkt der Preis-Absatz-Funktion, bei dem ein Gewinnmaximum vorliegt.
Bestimmen Sie den Bereich, in dem die Firma mit Gewinn produziert, sowie den Cournotschen Punkt. Welche Informationen liefert dieser Punkt der Firma „Fit and fun"?

31		
	Problematik	Anwendung linearer Optimierung auf ein Mischungsproblem: Bestimmung eines optimalen Zustandes ohne Differentialrechnung

Mischfutterproduktion

Ein Futtermittelhersteller stellt zwei Sorten von Mischfutter her; beide Sorten bestehen aus den gleichen Rohstoffen, sie sind nur der Menge nach anders zusammengesetzt. Der Vorrat an Rohstoffen ist begrenzt. Er kann ebenso wie die Futterzusammensetzung der Tabelle entnommen werden:

	Mischfutter 1	**Mischfutter 2**	**Vorrat**
Reformhafer	10 kg	7 kg	7700 kg
Melasse	1 kg	3 kg	1500 kg
Leinsamen	1 kg	1 kg	800 kg
Mineralfutter	1 kg	2 kg	1100 kg

Pro 13 kg - Sack macht der Händler mit dem ersten Futter 3 € Gewinn, mit einem Sack vom zweiten Futter sind es 5 €.

a) Beschreiben Sie die Bedingungen für das herstellbare Futter durch ein System von Ungleichungen. Sind diese Ungleichungen durch „und" oder durch „oder" miteinander verknüpft?

b) Stellen Sie alle zulässigen Mengenkombinationen graphisch durch Schraffur eines Bereiches in einem geeigneten Koordinatensystem dar!

c) Das Ziel des Händlers besteht darin, seinen Gewinn zu maximieren. Stellen Sie eine Funktion auf, die den Gewinn des Händlers beschreibt. Zeichnen Sie den Graphen der Gewinnfunktion ebenfalls in das Koordinatensystem.
d) Bestimmen Sie graphisch den maximalen Gesamtgewinn und begründen Sie Ihr Vorgehen. Überprüfen Sie Ihr Ergebnis rechnerisch.

32	**Problematik**	Flächen- und Volumenberechnung
	Voraussetzungen	Die Aufgabe kann mit Mittelstufenmathematik, aber auch mit Integralrechnung und Bogenlänge bearbeitet werden
	geeignet als	- Gruppenarbeit, da völlig unterschiedliche Herangehensweisen möglich sind - Einführung in die Integralrechnung bei entsprechender „Führung“
	CAS/GTR	hilfreich
	Zusatzmaterial auf CD	weitere Bilder von Rampen; vorgegebene Messpunkte; alternative Aufgabenstellung

Skate-Rampen

a) Die abgebildete Skate-Rampe hat eine Höhe von 184 cm und eine Tiefe von 222 cm. Wie schwer wäre die Rampe, wenn man sie massiv aus Beton gießen würde?
(Information: Die Dichte von Beton liegt zwischen 1,5 und 2,5 g/cm^3.)
b) Tatsächlich werden so große Rampen nicht aus Beton gegossen (warum wohl?), sondern besitzen eine Unterkonstruktion aus Stahl oder Holz. Auf diese wird dann Dämmmaterial und eine Lauffläche z.B. aus glasfaserverstärktem Kunststoff aufgebracht. Wie viel m^2 Kunststoffplatten wurden für die Rollfläche und den Podestboden benötigt?
c) Erstellen Sie in Ihrer Gruppe verschiedene Vorschläge für Elemente eines Skate-Parks. Zeichnen Sie Ihre Entwürfe mit CAS, geben Sie die entsprechenden Maße an, machen Sie Angaben zum Materialbedarf.

33	Problematik	Modellierung einer Berandungsfunktion; Wurzelfunktionen; Rotationsvolumen (c); Stetigkeit und Differenzierbarkeit an der Übergangsstelle zweier Funktionen (d); Bogenlänge
	Zusatzmaterial auf CD	Folie

Heißluftballon

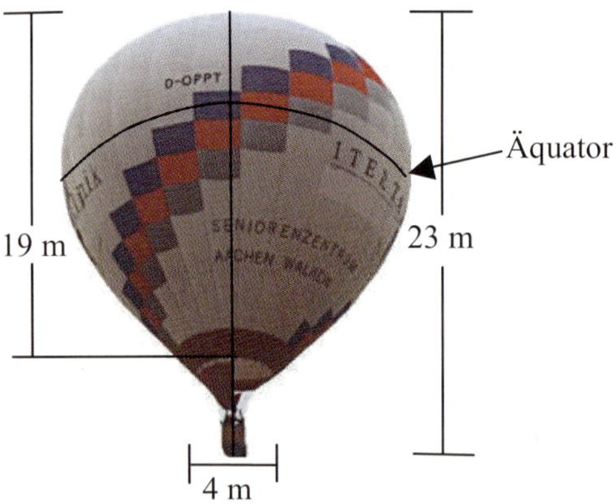

Die Ballonhülle ist symmetrisch um die vertikale Achse aus mehreren Längsbahnen zusammengesetzt. Die Kräfte, die auf die Hülle wirken, werden durch horizontal und vertikal angebrachte, ca. 1 cm breite Lastbänder aufgenommen. Die horizontalen Lastbänder verlaufen wie Fassringe rund um die Hülle, die vertikalen Lastbänder laufen vom oberen Pol, dem Top, wo sie mit dem Kronring zusammengefasst werden über den unteren Rand der Hülle hinaus, wo sie am Brennerrahmen zusammenlaufen. Beim aufgerüsteten Ballon, der noch am Boden ist, befindet sich der Brennerrahmen, an dem die Lastringe zusammengefasst werden, 2 m über dem Boden. In Höhe des Ballonäquators ist der Durchmesser maximal, er beträgt dort 20 m. Der Abstand vom Mittelpunkt des Brennerrahmens zum Mittelpunkt des „Äquatorkreises" beträgt 12 m. Die Ballonhülle hat ein Volumen von 3500 m³.

a) Der Verlauf eines vertikalen Lastbandes soll durch eine Funktion f der Form $f(x) = \frac{x}{a}\sqrt{b - x}$, $a, b > 0$, beschrieben werden. Dabei soll der gesamte Verlauf des Lastbandes ausgehend vom Brennerrahmen bis hin zum Kronring beschrieben werden, wobei man davon ausgeht, dass die Lastbänder am Brennerrahmen punktförmig zusammenlaufen. Bestimmen Sie die Parameter a und b so, dass die Höhe des Ballons sowie der maximale Durchmesser in Höhe des Äquators berücksichtigt werden.

b) Zeichnen Sie den Funktionsgraphen und geben Sie ein Intervall I des Definitionsbereiches von $f(x)$ so an, dass $f(I)$ genau den Verlauf eines Lastbandes beschreibt.

c) Überprüfen Sie, inwieweit $f(x)$ auch die anderen bekannten Abmessungen des Ballons erfüllt, vergleichen Sie insbesondere auch das angegebene Volumen der Hülle mit dem entsprechenden Rotationsvolumen.

d) Die Beschreibung eines Lastbandes soll mithilfe der Funktion g mit $g(x) = \frac{x}{c}\sqrt{d - x^2}$ verbessert werden. Dazu soll der Bereich vom Brennerrahmen bis zum Äquator durch das entsprechende Stück von g, der Rest durch f beschrieben werden. Was ist dabei zu beachten? Wie sind c und d zu wählen?

e) Beschreibt die aus f und g zusammengesetzte Funktion den Verlauf eines Lastbandes besser als f alleine? Testen Sie wie in c)!
f) Obiger Ballon besitzt 20 horizontal verlaufende Lastbänder, die jeweils in gleichen Abständen angebracht sind, in vertikaler Richtung sind es 24. Wie viele Meter Lastband sind demnach in einem Ballon verarbeitet?

34		
	Voraussetzungen	Ableitung gebrochenrationaler Funktionen
	Problematik	Funktionenschar; Optimierung; Beurteilung von Modellen

Waldbrand

Nach den verheerenden Waldbränden im Sommer 2003 fordern die Experten der Arbeitsgruppe Feuerökologie am Max-Planck-Institut für Chemie in Freiburg eine stärkere Prävention. In besonders gefährdeten Waldgebieten sollten Brandbarrieren eingerichtet werden. Das sind Schneisen, die verhindern, dass sich ein Waldbrand unkontrolliert ausbreitet.
Zum Schutz großer Baumbestände werden parallele, mindestens 10 m breite Wildwiesenstreifen angelegt, die im Brandfall ein Übergreifen des Feuers auf benachbarte Flächen verhindern sollen.

a) Überlegen Sie, welche Vorteile und Nachteile es mit sich bringt, eine große Anzahl von Schneisen zu schlagen.

Ein quadratisches Waldgebiet (Seitenlänge 30 km) soll durch parallele Schneisen der Breite $b = 10$ m in gleich große Waldabschnitte zerlegt werden.
Zum Schutz eines angrenzenden Wohngebietes muss die 1. Schneise schon am Waldrand liegen.

b) Wie viele Schneisen sind anzulegen, um im Fall eines Brandes den Gesamtverlust an Waldfläche, d.h. die durch Brand zerstörte Waldparzelle und die Fläche aller Schneisen, möglichst klein zu halten? Wie groß ist dieser Verlust?
Wie wichtig ist es im Hinblick auf diesen Verlust, die optimale Schneisenanzahl exakt einzuhalten?
c) Diskutieren Sie das Problem aus Teilaufgabe b) für eine variable Schneisenbreite b.
Wie wirkt sich eine Vervierfachung der Schneisenbreite auf die optimale Anzahl der Schneisen aus?
d) Begründen Sie, warum es bei dieser Minimierungsaufgabe nicht sinnvoll ist, die Anzahl der Schneisen vorzugeben und dann die zugehörige optimale Breite zu bestimmen.
e) Nehmen Sie zu dem gegebenen Schneisenmodell kritisch Stellung und entwickeln Sie Alternativvorschläge.

35	Problematik	Trigonometrische Funktionen; Regression; Mittelwertbildung
	CAS/GTR	bei b) notwendig

Klima in Isny

Im Folgenden ist eine Klimatabelle von Isny im Allgäu gegeben. Sie zeigt die monatlichen Temperatur- und Niederschlagsdurchschnittswerte.

Monat	J	F	M	A	M	J	J	A	S	O	N	D
°C	- 3	- 2	2	7	11	15	16	15	13	7	2	- 2
mm	130	119	99	109	158	187	207	172	155	123	119	106

a) Erstellen Sie ein Klimadiagramm (Temperatur u. Niederschlag) für Isny.
b) Geben Sie die Gleichungen der beiden Funktionen an, deren Graphen den Temperaturverlauf bzw. die Niederschlagsmengen näherungsweise beschreiben. Begründen Sie Ihren Ansatz.
c) Bestimmen Sie nach Ihrem Modell die Jahresdurchschnittstemperatur.
d) Unter der Wachstumszeit einer Kulturpflanze versteht man die Anzahl der Tage, an denen die Tagesmitteltemperatur über 10° C liegt. Bei Hafer beträgt die Wachstumszeit ca. 130 Tage. Ist nach Ihrem Modell die Region um Isny für den Anbau von Hafer geeignet?

36	Problematik	Extremwertberechnung; Wurzelfunktionen
	CAS/GTR	Aufgrund sehr aufwändiger Rechenarbeit unbedingt erforderlich

Verlegung einer Pipeline

Eine Pipeline muss von einer Bohrinsel B in der Nordsee zu einer Raffinerie R an der Küste verlegt werden. Die Verlegungskosten sind für einen Kilometer im Wasser dreimal so hoch wie für einen Kilometer über Land.

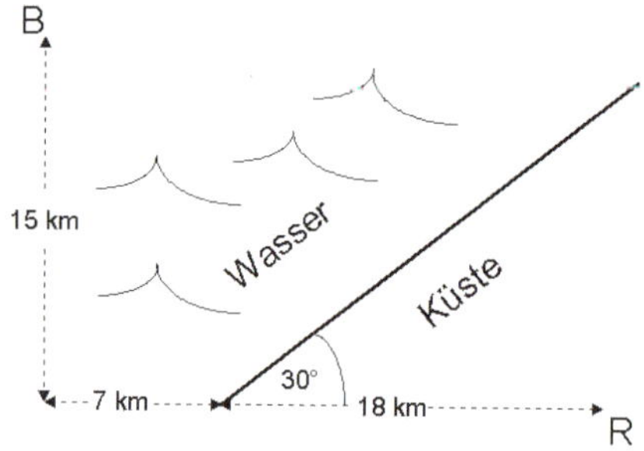

a) Wie muss die Pipeline verlegt werden, damit die Kosten für die Verlegung insgesamt minimal werden?
b) Während die Planungsphase noch läuft, wird ein rechteckiger Streifen entlang der Küste zum Naturschutzgebiet erklärt, das nicht von der Pipeline durchquert werden darf.
Hat dies eine Auswirkung auf die bisherige Planung?
Wenn ja, entwerfen Sie einen Vorschlag für die unter den geänderten Bedingungen kostengünstigste Lage der Pipeline, wenn man von einer geradlinigen Verlegung über Land ausgeht.

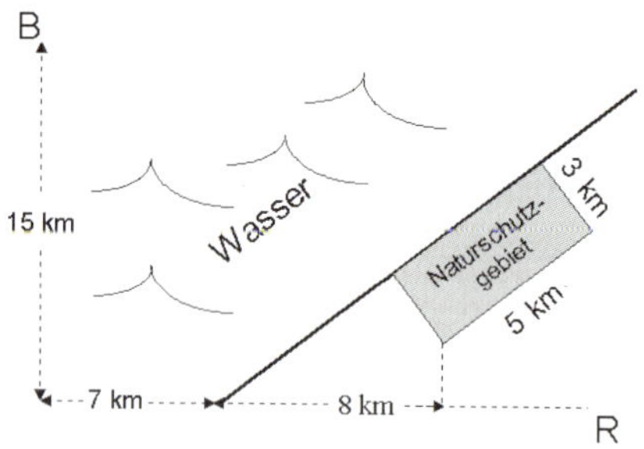

37	Problematik	Quadratische Näherungsfunktionen; Flächenberechnungen mithilfe der Integralrechnung

Kirche Sao Francisco, Pampulha

Kubitschek, der damalige Bürgermeister der brasilianischen Stadt Belo Horizonte und spätere Staatspräsident von Brasilien, beauftragte den Architekten Oscar Niemeyer, eine Anzahl von Gebäuden und Erholungsmöglichkeiten für den geplanten Vorort Pampulha zu entwerfen. Eines dieser Gebäude ist die 1940 fertig gestellte Kirche „Sao Francisco".

a) Foto und Abbildung 1 zeigen die rückwärtige Fassade der Kirche. Die Wandkeramik soll mit einer Schutzlasur gegen schädliche Umwelteinflüsse versehen werden.
Berechnen Sie näherungsweise die Größe der zu versiegelnden Fläche.
Nehmen Sie dazu an, dass der höchste Punkt der Fassade 8 m über dem Boden liegt und die Gesamtbreite 30 m beträgt. Weitere notwendige Maße können Sie anhand von Abbildung 1 abschätzen.

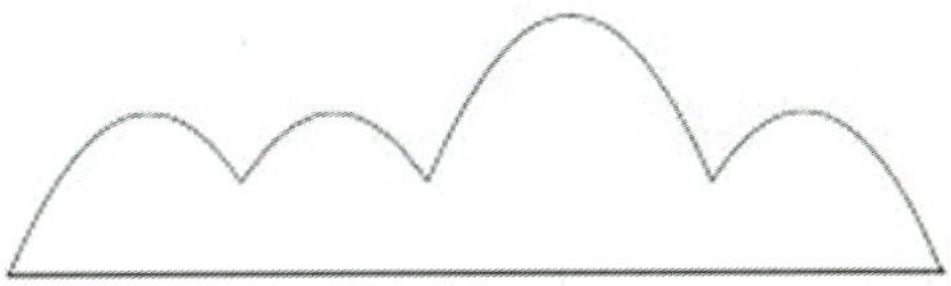

Abbildung 1

b) Wegen einer drohenden Dengue-Epidemie soll der Innenraum der Kirche mit einem Schädlingsbekämpfungsmittel gegen die Überträgermücken vernebelt werden.
Pro Kubikmeter muss dazu drei Sekunden gesprüht werden. Wie Abbildung 2 zeigt, bildet der höchste Bogen in seiner Verlängerung das Kirchenschiff.
Berechnen Sie näherungsweise die Zeitdauer der Vernebelungsaktion.

Karneval droht Fieber zum Opfer zu fallen

Februar 2002
Kurz vor Karneval wird Brasilien von einer Denguefieber-Epidemie überrollt. Gesundheitsexperten befürchten, dass die von der Aedes-aegypti-Mücke übertragene Krankheit außer Kontrolle gerät und warnen vor der Infektionsgefahr.
Bis jetzt wurden schon aus 60 % der etwa 5.500 brasilianischen Gemeinden Fälle von Denguefieber gemeldet. Die zuständigen Gesundheitsbehörden haben Maßnahmen zur Bekämpfung der Überträgermücke (u.a. Flächenbesprühung und Vernebelung mit Insektiziden) angeordnet.

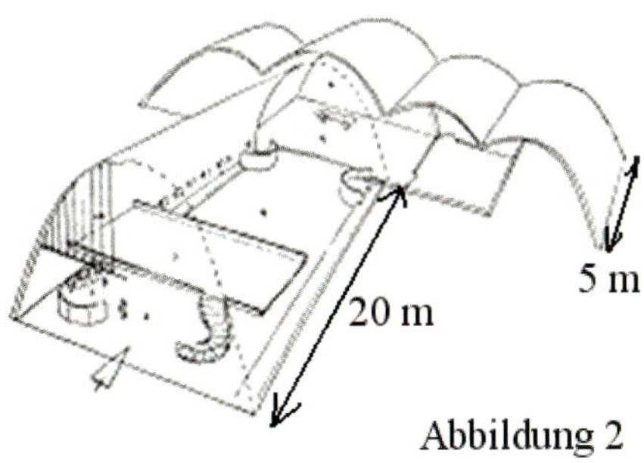

Abbildung 2

38	**Problematik**	Konstruktionen mithilfe von Sätzen aus der Mittelstufengeometrie (Satz von Thales (a), Satz vom Umfangswinkel über einem Kreisbogen (c)); Kreisgleichungen; Trigonometrie
	geeignet als	Einsatz von dynamischer Geometrie-Software

Auf den richtigen Standpunkt kommt es an!

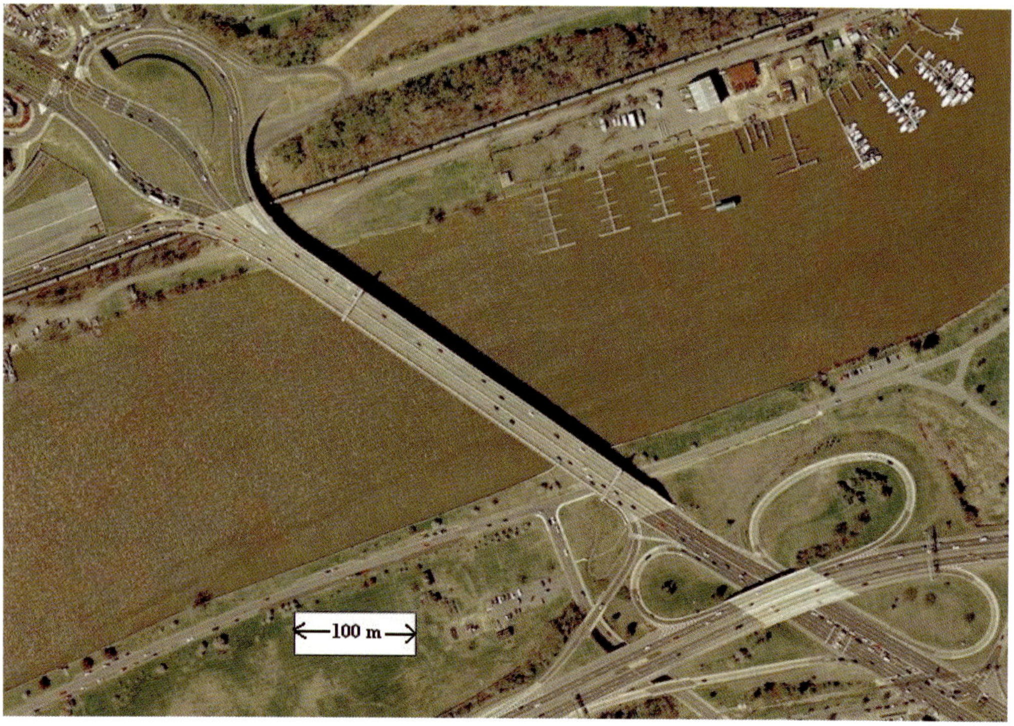

Die J.P. Sousa Bridge in Washington D.C. führt schräg über den Anacostia River, der im Bereich der Brücke nahezu geradlinig verläuft. Für einen neuen Bildband möchte ein Fotograf einige Bilder der Brücke von einem kleinen Boot in der Flussmitte aufnehmen. Er ist mit einem Weitwinkelobjektiv der Brennweite f = 21 mm (Bildwinkel 90°) und einem Normalobjektiv (f = 50 mm; Bildwinkel 50°) ausgerüstet.

a) Entnehmen Sie dem Foto die benötigten Maße und zeichnen Sie ein maßstabgetreues Bild von Brücke und Fluss. Konstruieren Sie die beiden Stellen S_1 und S_2, von denen aus der Fotograf mit dem Weitwinkelobjektiv die ganze Brücke fotografieren kann.
b) Legen Sie in Ihrer Zeichnung möglichst geschickt ein Koordinatensystem fest und berechnen Sie die Koordinaten von S_1 und S_2.
c) Wo muss sich der Fotograf platzieren, wenn er mit dem Normalobjektiv die ganze Brücke auf das Bild bringen möchte? Konstruieren Sie eine der beiden möglichen Stellen in einer neuen Zeichnung und geben Sie eine Konstruktionsbeschreibung an. Berechnen Sie anschließend die Koordinaten dieser Stelle.
(Anleitung: Verwenden Sie den Satz vom Umfangswinkel über einem Kreisbogen.)

39	Problematik	Arbeiten mit Tabellen; verschiedene Wachstumsformen (exponentiell, logistisch)
	geeignet als	Referatsthema
	CAS/GTR	für die Funktionsanpassung in d) und für Teil e) notwendig

Wie lange reichen unsere Ölvorräte?

Die Tabelle gibt die Weltrohölförderung (in Millionen Tonnen) in den Jahren 1900 bis 1970 an.

Jahr	**1900**	**1910**	**1920**	**1930**	**1940**	**1950**	**1960**	**1970**
Fördermenge in Mio. Tonnen	20,8	45,8	96,3	197,3	300,5	531,5	1072,4	2332,4

a) Stellen Sie den Verlauf der Ölförderung graphisch dar. Welche Wachstumsform könnte vorliegen? Begründen Sie Ihre Vermutung.

b) Entwerfen Sie ein mathematisches Modell für den Verlauf der Ölförderung in den Jahren 1900 bis 1970.

c) Welche Fördermengen errechnen Sie nach Ihrem Modell für die Jahre 1980, 1990 und 2000? Vergleichen Sie die berechneten Mengen mit den tatsächlichen Fördermengen.

Jahr	**1980**	**1990**	**2000**
Fördermenge in Mio. Tonnen	3037,0	3164,3	3598,6

d) Passen Sie Ihr Modell der veränderten Entwicklung an. Nennen Sie mögliche Gründe für die Änderung im Wachstumsverhalten. Welche langfristige Prognose würden Sie nach Ihrem neuen Modell abgeben?

e) Im Jahr 2002 wurden die noch vorhandenen Erdölreserven auf ca. 164 Milliarden Tonnen geschätzt („Energy Statistics Yearbook“ der UN). Wie lange würden die Erdölreserven noch reichen, wenn Sie Ihr Wachstumsmodell aus d) zugrunde legen?

f) Seit dem Jahr 2000 sind die jährlichen Fördermengen leicht rückläufig.

Jahr	**2001**	**2002**
Fördermenge in Mio. Tonnen	3585,6	3552,4

Gehen Sie davon aus, dass es gelingen könnte, diese Entwicklung fortzusetzen und die Fördermengen jährlich um p % zu senken.
Bestimmen Sie aus den Zahlen für 2000, 2001 und 2002 einen Näherungswert für p.
Wie lange würden bei diesem Modell die im Jahr 2002 bekannten Erdölreserven noch reichen?

40	Problematik	Exponentieller Zerfall; Radiocarbonmethode; Modellierung

Das Turiner Grabtuch

Das „Turiner Grabtuch" wird von vielen Christen für das Grabtuch gehalten, mit dem Jesus nach der Abnahme vom Kreuz bedeckt wurde. Zweifel an seiner Echtheit werden schon seit Jahrhunderten geäußert. Deshalb wurden im Jahr 1988 kleine Proben des Tuches unabhängig voneinander von drei renommierten Labors in Zürich, Oxford und Arizona mithilfe der Radiocarbonmethode (^{14}C-Methode) untersucht mit dem Ergebnis, dass in Zürich noch ca. 92,15 %, in Oxford noch ca. 91,33 % und in Arizona noch ca. 92,48 % der ursprünglich vorhandenen ^{14}C-Atome gemessenen wurden.
Welche Zeitspanne ermitteln Sie aus diesen Ergebnissen für die Entstehung des Tuches, wie interpretieren Sie das Ergebnis? (Hinweis: Die Halbwertszeit von ^{14}C beträgt ca. 5730 Jahre.)

41	Problematik	Arbeiten mit Tabellen und Regressionen; Wachstumsprozesse
	CAS/GTR	für Teil c) notwendig

Die größten Energieverbraucher

Die größten Energieverbraucher
in Mio. t SKE (Steinkohle-Einheiten) nach UN

	1990	1998	1999	2000
USA	2686,9	3011,8	3084,4	3124,4
VR China	893,4	1151,2	1036,3	1022,0
Russland	-	815,8	829,1	847,0
Japan	564,2	659,3	662,7	675,6
Indien	269,2	419,2	426,1	454,6
Deutschland	501,3	461,7	450,2	449,3

a) Stellen Sie den Energieverbrauch der sechs Länder zwischen 1990 und 2000 graphisch dar. Vergleichen Sie die Entwicklung des Verbrauchs. Benutzen Sie dazu, soweit sinnvoll, die durchschnittliche jährliche prozentuale Änderung.
Welche Gründe können Sie für die unterschiedlichen Entwicklungen in den verschiedenen Ländern nennen?

b) Betrachten Sie den größten Energieverbraucher, die USA.
Welchen Energieverbrauch erwarten Sie für das Jahr 2010, wenn sich das Wachstumsverhalten in dieser Zeit sich nicht ändert?

c) Entwerfen Sie ein zweites Modell, bei dem Sie davon ausgehen, dass sich das Wachstumsverhalten bereits zwischen 1990 und 2000 geändert hat. Zu welchem Zeitpunkt kann man danach von einer Trendwende im Verbrauch sprechen? Welche Prognose erhalten Sie bei diesem Modell für das Jahr 2010?
Stellen Sie die beiden Modelle für die Jahre 1990 bis 2020 graphisch dar.

42	Problematik	Logistisches Wachstum; Regressionen; Modellierung und Modellkritik
	CAS/GTR	Regressionen mit CAS oder GTR

Wie viel Platz bleibt uns?

> Heute, am 12. Oktober 1999, wird jeder Erdenbürger nach UN-Berechnungen 5 999 999 999 Mitmenschen haben. Den „Tag der sechs Milliarden" betrachten nicht nur Bevölkerungsstatistiker mit Sorgen. Man rechnet zur Zeit damit, dass die Weltbevölkerung pro Minute um 148 Erdenbürger zunimmt.

Jahr	Weltbevölkerung (in Mrd.)	Jahr	Weltbevölkerung (in Mrd.)
1950	2,56	**1996**	5,77
1960	3,04	**1998**	5,93
1970	3,71	**1999**	6,00
1980	4,45	**2000**	6,08
1990	5,28	**2001**	6,15
1992	5,45	**2002**	6,23
1994	5,61	**2003**	6,30

a) Nehmen Sie zu den beiden in dem Ausschnitt des Zeitungsartikels vom 12.10.1999 aufgeführten UN-Berechnungen Stellung.

b) Nach W. Rees und M. Wackernagel („Our Ecological Footprint", 1996) beträgt die Fläche auf der Erde, die ökologisch produktiv ist, weltweit rund 9 Milliarden ha. Der Bedarf eines Menschen beträgt bei einem durchschnittlichen Lebensstandard z.B. in Indien 0,4 ha, auf europäischem Niveau 3 - 4 ha, auf US-Niveau 5,1 ha.
Auf welchem Standard werden die Menschen durchschnittlich im Jahr 2020 leben, wenn das Bevölkerungswachstum die Entwicklung der Jahre 1950 bis 2003 beibehält?
Nehmen Sie zu Ihren Ergebnissen kritisch Stellung.

43	Problematik	Newtonsches Abkühlungsgesetz; Differentialgleichung

Und darauf ein kühles Bier!

Willi Fröhlich hat gerade eine Flasche Bier aus seinem 7 °C kalten Kühlschrank geholt, in dem sie schon seit zwei Tagen stand. Als er sich das Bier genüsslich in sein Bierglas eingeschenkt hat, schellt es an der Tür und Tante Frieda verstrickt ihn ganze 90 Minuten lang in eine hitzige Diskussion über die Zukunft der Rentenversicherung. Derweil steht sein einsames Bier die ganze Zeit im Wohnzimmer, das der energiebewusste Willi auf einer Temperatur von 19 °C hält. Kaum hat Willi die Haustür hinter Tante Frieda zugeschlagen, misst er die Temperatur des Gerstensaftes und stellt eine betrübliche Überhitzung desselben auf 15 °C fest. Akzeptabel wären für einen Biertrinker allenfalls 8 °C.

a) Wie lange muss Willi sein Bier wieder in den Kühlschrank stellen, damit er es bei 8 °C genüsslich trinken kann? Als erfahrener Biertrinker weiß Willi, dass im Kühlschrank sein Bier pro Minute um ca. 10 % der noch vorhandenen Temperaturdifferenz zur Kühlschranktemperatur abkühlt.
b) Wie lange hätte die Diskussion mit Tante Frieda höchstens dauern dürfen, damit Willi sein Bier bereits nach 10 Minuten genüsslich trinken kann?

44	Problematik	Modelle zur Beschreibung von Wachstumsprozessen und ihre Beurteilung
	CAS/GTR	Regressionen mit CAS oder GTR

Kfz-Bestand in Baden-Württemberg

Die folgende Tabelle zeigt die Entwicklung des Bevölkerungs- und des Kfz-Bestandes in Baden-Württemberg in den Jahren zwischen 1950 und 2003.

Jahr	1950	1955	1960	1965	1970	1975	1980	1985	1990	1995	2000	2002	2003
Bevölkerung in Mio.	6,430	7,157	7,727	8,426	8,895	9,153	9,259	9,271	9,822	10,319	10,524	10,661	10,693
Kfz-Bestand in Mio.	0,323	0,842	1,227	1,861	2,587	3,312	4,251	4,879	5,798	6,432	6,964	7,259	7,325

a) Stellen Sie die Entwicklung des Kfz-Bestandes pro 1000 Einwohner in einem geeigneten Diagramm graphisch dar.
b) Bestimmen Sie einen Funktionsterm einer möglichen Funktion, die das Anwachsen des Kfz-Bestandes pro 1000 Einwohner zwischen 1950 und 2003 näherungsweise beschreibt. Verwenden Sie zwei verschiedene Modelle und vergleichen Sie diese.
In welchen Jahren weichen die tatsächlichen Pkw-Zahlen prozentual am stärksten von den Zahlen ab, die Sie aus Ihren Modellen berechnen?
c) In welchem Jahr war der Anstieg des Kfz-Bestandes am größten? Welche langfristige Entwicklung erwarten Sie anhand Ihrer Modelle? Wo können Sie sich Probleme bei einer Zukunftsprognose mittels eines solchen Modells vorstellen?

45	Problematik	Abschnittsweise definierte Funktionen; Mittelwertbildung; Fächerübergreifende Zusammenhänge (Physik)
	CAS/GTR	für die Regressionen sinnvoll

Anomalie des Wassers

Wasser dehnt sich im Gegensatz zu anderen Flüssigkeiten bei Erwärmung nicht immer aus, sondern besitzt seine größte Dichte bei 4 °C. Die folgende Tabelle gibt die Dichte von flüssigem Wasser und Eis bei bestimmten Temperaturen an (nach Baumgartner & Liebscher, 1996).

Temperatur T in °C	- 20	- 10	0 (Eis)	0 (Wasser)	4	10	30	50	70	90
Dichte ρ in g/cm^3	0,9200	0,9190	0,9179	0,9998	1,0	0,9997	0,9956	0,9880	0,9778	0,9653

a) Stellen Sie die Werte graphisch dar. Bestimmen Sie den Term einer Funktion $\rho(T)$, welche die Abhängigkeit der Dichte von der Temperatur sowohl für flüssiges Wasser als auch für Eis möglichst gut beschreibt. Was passiert für $T \to 0$ bzw. $T \to 100$?
b) Welche Masse hat nach Ihrem Modell 1 Liter Wasser bei Zimmertemperatur (22 °C)? Welchen Mittelwert können Sie für die Dichte von flüssigem Wasser angeben?

46		
	Problematik	Logistisches Wachstum; Integralfunktion
	CAS/GTR	CAS notwendig

Wie wächst eine Fichte?

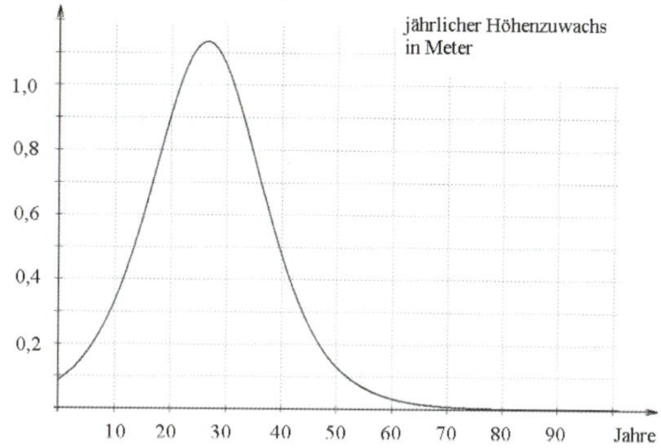

Das oben stehende Schaubild zeigt den jährlichen Höhenzuwachs einer Fichte, die zu Beobachtungsbeginn 58 cm hoch war. Fichten können bis zu 30 m hoch werden.

a) Skizzieren Sie einen möglichen Graphen der Funktion h, welche die Höhe der Fichte zum Zeitpunkt t (in Jahren ab Beobachtungsbeginn) angibt.
Begründen Sie dabei charakteristische Eigenschaften des Graphen.

b) Ermitteln Sie einen möglichen Funktionsterm für die Funktion h, indem Sie notwendige Daten aus dem Graphen des Höhenzuwachses ablesen. Welcher Funktionsterm ergibt sich damit für die Funktion w des jährlichen Höhenzuwachses?
Nach wie vielen Jahren hat die Fichte 90 % ihrer Endhöhe erreicht?

47		
	Problematik	Ableitung als Änderungsrate; Zerfallsgesetz $f'(t) = -k \cdot f(t)$; Halbwertszeit
	Voraussetzungen	einfache Differentialgleichungen
	Zusatzmaterial auf CD	Zusatzübungsblatt: Herleitung der DGL

Abbau radioaktiver Substanzen im Körper

Ein Kontrastmittel, das für Röntgenaufnahmen gespritzt wird, reichert sich in der Leber an. Dort wird es mit einer Rate abgebaut, die proportional zur vorhandenen Menge des Kontrastmittels ist. Die Leber wird zum Zeitpunkt $t = 0$ mit 0,75 g des Kontrastmittels belastet.
Nach 2 Stunden lassen sich noch 0,747 g des Kontrastmittels in der Leber nachweisen.

a) Stellen Sie eine Differenzialgleichung für die Funktion m(t) auf, welche die Masse des Kontrastmittels in Abhängigkeit von der Zeit beschreibt, und lösen Sie diese!

b) Man kann das obige Modell verfeinern, indem man annimmt, dass das Kontrastmittel über einen gewissen Zeitraum hinweg gleichmäßig über den Blutstrom in die Leber gelangt.
Pro Stunde werden 0,1 g zugeführt.
Beschreiben Sie diese Situation durch eine Differenzialgleichung und lösen Sie diese.

c) Als Kontrastmittel wird das radioaktive Element Jod 131 verwendet, das eine Halbwertszeit von 8 Tagen besitzt. Bestimmen Sie die Zerfallskonstante.

d) Zum Zeitpunkt $t = 0$ ist genau 1 mg Jod nachweisbar, nach einer gewissen Zeit sind es noch 0,298 mg. Wie viel Zeit ist zwischen den Messungen vergangen?

e) In ein anfangs leeres Gefäß gelangen gleichmäßig 0,1 mg Jod pro Stunde. Wie viel Jod befindet sich nach 2 Wochen im Gefäß?

48		
	Problematik	Exponentielle Wachstumsprozesse; Auswirkung der prozentualen jährlichen Zunahme auf die Verdoppelungszeit; Entwickeln verschiedener Modelle; gebrochenrationale Funktionen
	CAS/GTR	CAS notwendig
	Unterrichtsform	Gruppenarbeit mit Präsentation der Ergebnisse

Wann verdoppelt sich die Weltbevölkerung?

Die folgende Tabelle zeigt die Entwicklung der Weltbevölkerung.

Jahr	0	900	1700	1750	1800	1850	1900	1950	1970	1990	2000	2003
Weltbevölkerung (in Mrd.)	0,16	0,32	0,60	0,79	0,98	1,26	1,65	2,56	3,71	5,28	6,08	6,30

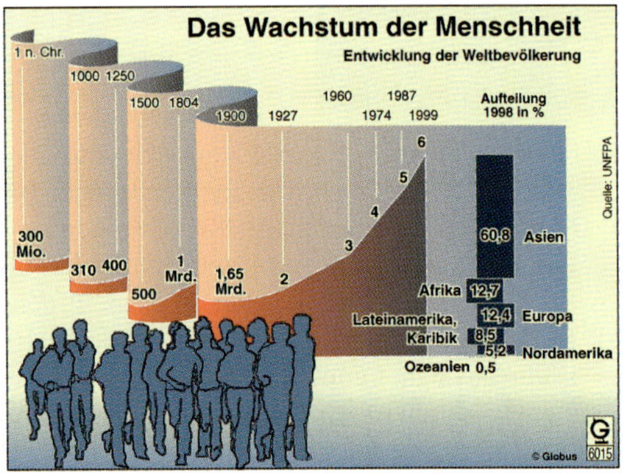

a) Stellen Sie die Entwicklung graphisch dar. In welchem Zeitraum lässt sich die Entwicklung gut durch ein exponentielles Modell beschreiben? Geben Sie eine Funktion für dieses Modell an.
Wie groß ist bei diesem Modell die jährliche prozentuale Zunahme? Wie lange dauert es jeweils, bis sich die Weltbevölkerung verdoppelt?
Vergleichen Sie Ihr Modell mit einigen Werten, die außerhalb des gültigen Bereichs liegen.
Welche Prognose würden Sie mit diesem Modell für das Jahr 2050 erhalten?

b) Eine Bevölkerung wächst exponentiell mit einer jährlichen prozentualen Bevölkerungszunahme von p %.
Geben Sie eine Funktion T_V an, welche die Verdoppelungszeit in Abhängigkeit von p beschreibt, und zeichnen Sie den Graphen der Funktion T_V.
Ab welcher prozentualen Zunahme liegt die Verdoppelungszeit unter 10 Jahren?

c) Betrachten Sie nun die Entwicklung der letzten Jahre genauer.

Jahr	1999	2000	2001	2002	2003
Weltbevölkerung (in Mrd.)	6,0	6,08	6,15	6,23	6,30

Gehen Sie nach wie vor von einem exponentiellen Wachstum aus. Führen Sie eine Funktionsanpassung für die Jahre 1999 bis 2003 durch. Geben Sie die jährliche prozentuale Bevölkerungszunahme an und prognostizieren Sie mit diesem Modell eine Bevölkerungszahl für das Jahr 2050. Wie beurteilen Sie dieses Modell?

d) Die UNO hat verschiedene langfristige Bevölkerungsprojektionen aufgestellt. Bei der niedrigsten Prognose geht man davon aus, dass die Weltbevölkerung bis zum Jahr 2050 anwachsen und dort ihr Maximum von ca. 7,7 Mrd. Menschen erreichen wird. Danach würde sie absinken und sich langfristig bei ca. 3,6 Mrd. einpendeln. Beschreiben Sie diese Prognose durch ein Modell mit einer Wachstumsfunktion der Art $B(t) = \dfrac{a}{1+b\cdot(t-c)^2} + d$.

Stellen Sie die Entwicklung der Weltbevölkerung nach diesem Modell zwischen 2000 und 2200 graphisch dar.

49	Problematik	Folgen; vollständige Induktion; Wachstumsprozesse; Modellierung; Vergleich diskrete – stetige Beschreibung

Fiebersenkende Mittel

Ein Patient mit 39,5 °C Fieber erhält ein fiebersenkendes Mittel, das die Temperatur stündlich um 40 % der Differenz zur normalen Körpertemperatur von $\vartheta = 36{,}8$ °C erniedrigt.
Nach jeweils einer vollen Stunde misst der Patient seine Temperatur. Diese Werte können näherungsweise durch eine Folge mit der Vorschrift $t_{n+1} = 0{,}6 \cdot t_n + 0{,}4 \cdot \vartheta$; $n \in \mathbb{N}$ und $t_0 = 39{,}5$ beschrieben werden.
Dabei bedeutet t_n die Körpertemperatur (in °C) des Patienten n Stunden nach Einnahme des Medikamentes.

a) Berechnen Sie die Werte t_1 bis t_5 und stellen Sie diese graphisch dar.
Zeigen Sie, dass sich die Körpertemperatur t_n durch die explizite Vorschrift
$t_n = 0{,}6^n \cdot (t_0 - \vartheta) + \vartheta$ berechnen lässt.

b) Begründen Sie mithilfe des Monotoniekriteriums, dass die Folge (t_n) einen Grenzwert besitzt. Wie lautet der Grenzwert? Ab welcher vollen Stunde nimmt die Körpertemperatur erstmals um weniger als 0,1 Grad pro Stunde ab?

c) Vergleichen Sie den Ansatz aus den Aufgabenteilen a) bzw. b) mit dem folgenden Ansatz: Die Körpertemperatur erniedrigt sich zu jedem beliebigen Zeitpunkt um 40 % der Differenz zur normalen Körpertemperatur von $\vartheta = 36{,}8$ °C.

50	Problematik	Verschiedene Modelle zur Beschreibung eines Rotationskörpers; Volumenbestimmung
	Unterrichtsform	gut als Gruppenarbeit geeignet, da unterschiedliche Modelle möglich sind
	Material	falls vorhanden: Football

American Football

Der offizielle Football der NFL Europe ist 11 bis $11\frac{1}{4}$ inches (28 cm) lang und hat in der Ballmitte einen Umfang von $21\frac{1}{4}$ bis $21\frac{1}{2}$ inches.
Bestimmen Sie über verschiedene Ansätze möglichst gute Näherungswerte für das Volumen eines Footballs.

51		
	Problematik	Integralrechnung; Ellipsen
	CAS/GTR	CAS sinnvoll

Mallbögen im ECE-Center

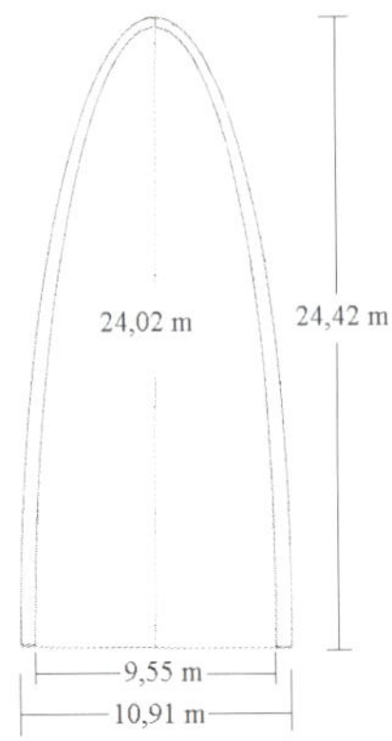

Im neuen ECE-Center in Karlsruhe wird die Wandelhalle (Mall) durch eine Reihe von so genannten Mallbögen gebildet, welche die Form einer Halbellipse haben. Die Maße von Bogen 16 können der Zeichnung entnommen werden.

a) Wie groß ist die Vorderfläche dieses Bogens?
b) Der Bogen hat eine Tiefe von 35 cm. Wie groß ist sein Volumen, wenn man von einer konstanten Tiefe ausgeht?
c) In einer Höhe von 4,99 m und in einer Höhe von 9,99 m werden jeweils Zwischenböden als Verbindungsgänge zwischen den beiden Seiten der Halle eingezogen. Wie lang sind diese beiden Zwischenböden?

52		
	Problematik	Quadratische und trigonometrische Funktionen; Flächenberechnung mittels Integralrechnung; Modellierung

Wassertröge

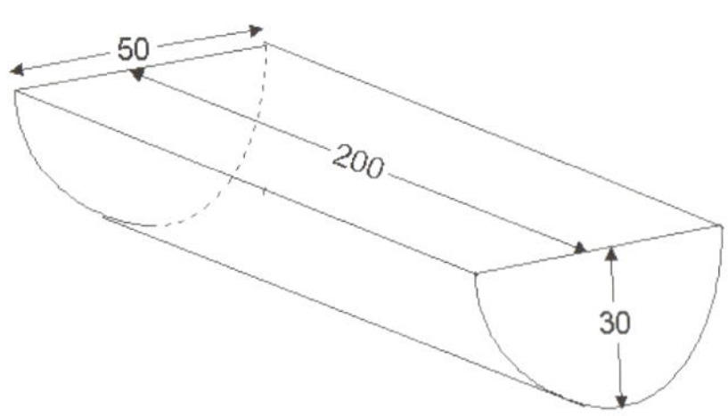

Auf Viehweiden sieht man des öfteren Wassertröge von der nebenstehenden Form (alle Maße in cm). Die Front- und die Rückfläche sind dabei kongruent.

a) Welches Fassungsvermögen (in Liter) hat ein solcher Trog? Verwenden Sie zwei verschiedene Ansätze. Um wie viel Prozent unterscheiden sich die beiden Ansätze?

Arbeiten Sie im Folgenden nur mit einem Ansatz weiter.

b) Wie hoch steht das Wasser im Trog, wenn er halb gefüllt ist? Der Trog wird über einen konstanten Zulauf von 20 Liter Wasser pro Minute gespeist. Beschreiben Sie die Füllhöhe h als Funktion der Zeit t. Wie lange würde es dauern, den Trog randvoll zu füllen?
Ein zum Reinigen vollständig geleerter Trog wird wieder gefüllt.
Wie hoch steht das Wasser drei Minuten nach Beginn des Füllvorgangs?

53	Problematik	Berechnung geometrischer Körper, Rotationskörper; Modellierung

Das „Große Fass“ in Heidelberg

Das „Große Fass“, das Karl-Theodor-Fass, im Heidelberger Schloss gilt als das größte je mit Wein gefüllte Fass der Welt, das heute noch besteht. Es wurde 1740 als Nachfolger bereits bestehender Riesenfässer geplant. Ungeachtet vieler Schwierigkeiten wurde sein Bau, für den 90 Eichen benötigt wurden, im Jahre 1751 vollendet. Da es nie dicht war, wurde es nur dreimal gefüllt. Anfangs betrug sein Fassungsvermögen ca. 228 000 Liter, durch Eintrocknen des Holzes schätzt man sein Volumen noch auf ca. 219 000 Liter.
Messungen sind aufgrund der riesigen Fassmaße sowie der sehr beengten örtlichen Verhältnisse schwierig.
Nachmessungen haben die folgenden Fassinnenmaße ergeben:

- Durchmesser des Grund- bzw. Deckkreises $d_1 \approx 5{,}75$ m
- In der Fassmitte beträgt der Durchmesser $d \approx 6{,}10$ m.
- Die Fasslänge beträgt etwa $h \approx 7{,}88$ m.
- Wölbung von Grund- und Deckkreis:
  Die Balken sind in der Mitte um ca. 12,5 cm gegenüber dem Fassrand nach innen gewölbt.

a) Berechnen Sie mittels geeigneter Methoden auf zwei verschiedenen Wegen einen möglichst guten Näherungswert für den Fassinhalt. Berücksichtigen Sie dabei die Wölbung von Grund- und Deckfläche.

b) Welcher maximale bzw. minimale Fassinhalt würde sich ergeben, wenn man aufgrund der schwierigen Messbedingungen von einer Messgenauigkeit von ± 5 cm ausgeht?

54		
	Problematik	Modellierung; Rekonstruktion einer Flaschenform
	Unterrichtsform	projektorientiert; Gruppenarbeit

Flaschenforschung

HAUSWEIN

1/8 ℓ   2,60 €

Bestellt man im Restaurant „Italien“ den Hauswein, so erhält man eine ganze Flasche, bezahlt jedoch nur den getrunkenen Anteil der Flasche. Bei Erstellen der Rechnung wird dieser mit Hilfe einer entsprechenden Messlatte (siehe Foto) bestimmt.

a) Wählen Sie eine beliebige Flasche und fertigen Sie eine entsprechende „Messlatte“ an.

b) Ein spitzfindiger Restaurantgast stellt nicht nur die Gültigkeit der Messlatte in Frage, sondern kritisiert auch deren Mangel an Genauigkeit. Um Konflikte dieser Art zukünftig zu vermeiden, bestimmt der Inhaber des Restaurants eine geeignete Funktion zur Berechnung der getrunkenen Weinmenge in Abhängigkeit von der Höhe. Erstellen Sie eine für Ihre Flasche passende Funktion und überprüfen Sie diese mittels weiterer Messungen. Welche der beiden Methoden würden Sie als Restaurantgast bevorzugen? Begründen Sie Ihre Antwort!

c) Statt einer Weinflasche verwendete ein Schüler für Aufgabenteil a) seine 0,5ℓ fassende Saftflasche. Dabei erhielt er die in der Tabelle dargestellten Messwerte. Skizzieren Sie mögliche Flaschenformen und begründen Sie jeweils Ihre Antworten.

Menge in ml	0	20	40	60	80	100	120	140	160	180
Höhe in cm	0	0,4	0,9	1,4	2,0	2,5	3,0	3,5	4,1	4,8

Menge in ml	200	220	240	260	280	300	320	340	360	380
Höhe in cm	5,6	6,4	7,1	7,6	8,1	8,5	8,8	9,3	9,7	9,9

Menge in ml	400	420	440	460	480	500
Höhe in cm	10,4	10,8	11,2	11,7	12,3	13,0

55	Problematik	Volumen eines Rotationskörpers (alternativ Berechnung durch geometrische Körper); Abschnittsweise definierte Funktion; Abkühlungsprozesse

Wie viel passt in die Thermoskanne?

Eine Thermoskanne besteht aus einem doppelwandigen, innen verspiegelten, insgesamt 30 cm hohen Glasgefäß, das zum Schutz gegen Beschädigungen von einer Kunststoffhülle umgeben ist. Die nebenstehende Zeichnung zeigt den Querschnitt eines solchen Glasgefäßes, die angegebenen Maße sind Innenmaße.

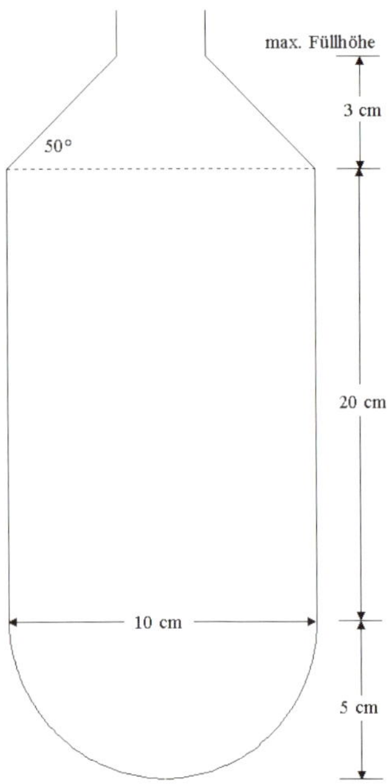

a) Welchen Durchmesser hat die Einfüllöffnung des Glasgefäßes? Das Glasgefäß kann als Rotationskörper aufgefasst werden. Welche Funktion beschreibt die Berandung des Gefäßes? Welche Flüssigkeitsmenge passt maximal in die Thermoskanne?

b) Nach Angabe des Herstellers kühlt die Flüssigkeit in einem vollständig gefüllten verschlossenen Gefäß pro Stunde um 7 % der noch herrschenden Temperaturdifferenz zur Raumtemperatur ab.
Herr Schmitt füllt morgens frisch aufgebrühten Kaffee von 90 °C in seine Thermoskanne. Wie lange dauert es bei einer Außentemperatur von 22 °C, bis sich die Flüssigkeit in der Thermoskanne auf 45 °C abgekühlt hat?

c) Im Büro (bei gleicher Außentemperatur) gießt sich Herr Schmitt nach 3 Stunden die erste Tasse Kaffee aus der Thermoskanne ein, lässt den Kaffee aber erst noch 10 Minuten stehen, bevor er dazu kommt, ihn zu trinken.
Welche Temperatur hat der Kaffee zu diesem Zeitpunkt, wenn die Abkühlung des Kaffees pro Minute 12 % der noch vorhandenen Temperaturdifferenz zur Raumtemperatur beträgt?

56		
	Problematik	Modellierung eines Eies; Ellipsen; Volumenbestimmung (experimentell und als Rotationskörper);
	Material	mehrere (möglichst hart gekochte) Eier; Messzylinder; Schieblehre; Geo-Dreieck; evtl. Klebestreifen zum Befestigen des Eies
	CAS/GTR	CAS für die Extremwertberechnung in c) empfehlenswert
	Unterrichtsform	Gruppenarbeit

Rund ums Ei

a) Vermessen Sie den Längsschnitt eines Hühnereies an verschiedenen Stellen möglichst genau.
Bestimmen Sie dabei auch die Stelle, an der das Ei am dicksten ist.
Stellen Sie Ihre Messreihe graphisch dar.
Ermitteln Sie das Volumen des Eies experimentell so genau wie möglich.

b) Beschreiben Sie den Längsschnitt des von Ihnen vermessenen Eies möglichst gut durch eine Ellipse.
Berechnen Sie mithilfe dieses Modells das Volumen des Eies und vergleichen Sie den berechneten Wert mit dem in a) experimentell ermittelten Wert.
Welchen Nachteil weist dieses Modell auf?

c) Man kann aus der Ellipse ein besseres Modell für die Eiform erhalten, wenn man in der Ellipsengleichung $\frac{x^2}{a^2}+\frac{y^2}{b^2}=1$ den Summanden $\frac{y^2}{b^2}$ mit einem geeigneten Term h(x) multipliziert.
Unter der Annahme, dass die Eispitze bei $x = a$ $(a > 0)$ liegt, werden an h(x) folgende Anforderungen gestellt:
- Die Funktion h ist auf dem Intervall $[-a; a]$ streng monoton wachsend.
- Die Ellipse wird für $x < 0$ geringfügig gestreckt, für $x > 0$ geringfügig gestaucht.

Verwenden Sie für h die Funktionen $h(x) = 1 + m \cdot x$ (bzw. $h(x) = e^{k \cdot x}$).
Bestimmen Sie die Terme der entsprechenden oberen Berandungskurven so, dass das Maximum an der „richtigen“ Stelle liegt.
Erklären Sie die Wirkung der Multiplikation mit h(x).
Wie groß ist das Volumen des Eies bei Ihren beiden neuen Modellen?

57	Voraussetzungen	Rotationsvolumina; Volumen von Kugelabschnitten; Kreisgleichungen
	Problematik	Modellierung; Näherungsfunktionen; Volumenbestimmung

Ein spezielles Glas zur Weinprobe

Beim Verkosten von Wein sind drei Aspekte wesentlich:
Geschmack – Farbe – Geruch
Geschmack des Weines: *Im einen Wein präzise zu beurteilen, reichen bereits geringe Mengen. Der hohle Stiel dieses speziell entwickelten Glases dient als Messvorrichtung. Er fasst 20 ml, das sind gerade zwei kleine Schluck Wein.*
Neigt man das Glas, so fließt der Wein aus dem Stiel in die Cuppa. Jetzt kann die ***Farbe des Weines*** *am besten bewertet werden.*
Um den ***Duft des Weines*** *zur vollen Entfaltung zu bringen, benötigt man eine möglichst große, benetzte Verdunstungsoberfläche. Und hier zeigt sich die besondere Stärke dieses Glases. Das Gefäß wird vorsichtig in waagerechter Position auf den Tisch gelegt. Die Flüssigkeit rinnt in die Cuppa bis ca. 10 mm unterhalb der Öffnung. Nun kann das Glas über den Tisch gerollt werden. Dabei erreicht man eine große, gleichmäßig benetzte Innenoberfläche des Glases und damit die optimale Duftintensität.*

Höhe: 175 mm

a) Wie viel Wein fasst das Glas insgesamt? Entnehmen Sie zur Beantwortung der Frage die Daten der Abbildung und beschreiben Sie die Glasform durch eine Funktion.
b) Wählen Sie für den regulären Ausschank eine sinnvolle Füllmenge und legen Sie dazu die Position des Eichstrichs fest.
c) Entwerfen Sie ein Glas mit zylindrischem hohlem Stiel und einer Cuppa, welche die Form eines Kugelabschnitts besitzt. Dieses Glas soll die gleichen Eigenschaften für eine Weinprobe besitzen wie das vorgestellt Glas, also
   - Füllmenge des Stiels 20 ml
   - Mit 20ml gefüllt und um 90° gekippt, soll das Glas auf dem Tisch drehbar sein, so dass der Weinspiegel bis ca. 10 mm unterhalb des Randes reicht.

58		
	Voraussetzungen	Bogenmaß; Wurzelfunktionen und ihre Ableitungen
	Problematik	Modellierung; Extremwertaufgabe
	Material	mehrere Filtertüten verschiedener Größen
	Unterrichtsform	projektorientiert; Gruppenarbeit

Wie viel passt in den Kaffeefilter?

a) Aus einem kreisförmigen Papier soll eine vereinfachte Kaffeefiltertüte hergestellt werden, indem man einen Kreissektor ausschneidet und zu einem Kegel zusammenrollt.
Falze können vernachlässigt werden.
Bestimmen Sie eine Funktion V, die das Volumen der Filtertüte in Abhängigkeit vom gewählten Mittelpunktswinkel x und dem Kreisradius r angibt.
Zeigen Sie, dass es einen Mittelpunktswinkel gibt, für den unabhängig vom Kreisradius r das Volumen maximal wird.

b) Die im Handel gebräuchlichen Filtertüten der Größen 1x4 bzw. 1x6 usw. unterscheiden sich, wenn man sie aufeinander legt, nur in der Höhe der verschiedenen Tüten, nicht aber in der Breite am Boden.
Dabei bedeutet die Filtergröße 1x4, dass das Volumen eines Filters dieser Größe so bemessen ist, dass das Kaffeepulver und das benötigte Wasser für 4 Tassen Kaffee zusammen in den Filter passen.
Bestimmen Sie die Maße einer Filtertüte, indem Sie diese sorgfältig auftrennen. Wie groß sind Mittelpunktswinkel und Radius des Kreissektors, aus dem diese Filtertüte hergestellt werden kann?
Ermitteln Sie damit näherungsweise das Volumen der Filtertüte.
Ist dieses Volumen Ihrer Meinung nach groß genug, um das Kaffeepulver und die benötigte Wassermenge aufzunehmen?

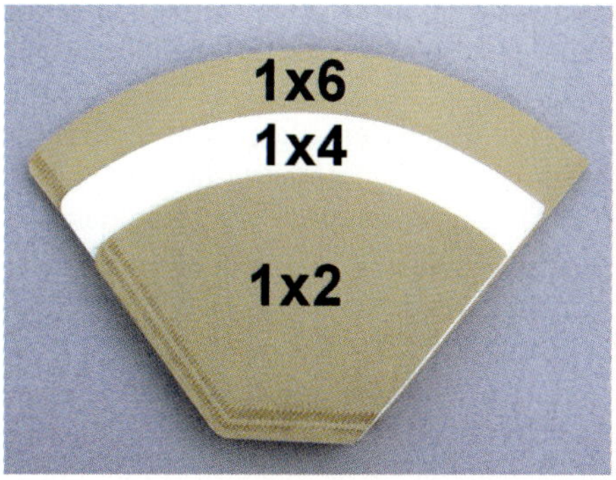

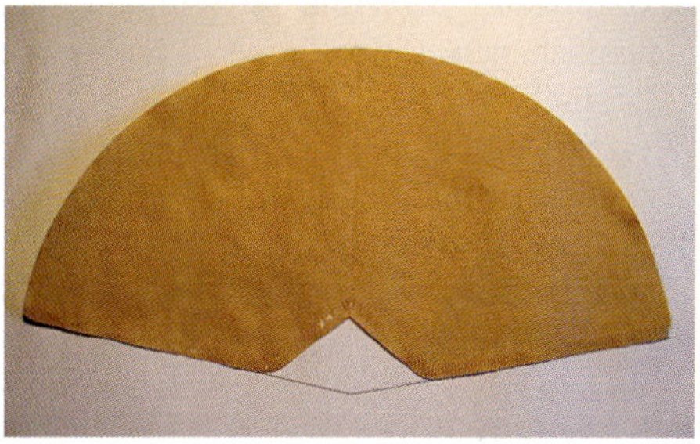

c) Überprüfen Sie, ob eine Filtertüte 1x4 das doppelte Volumen einer Filtertüte 1x2 hat.

59	**Problematik**	Modellierung; Extremwertaufgabe; Funktion mit zwei Variablen
	Unterrichtsform	Projekt; Gruppenarbeit; Zeitbedarf 2-3 Unterrichtsstunden
	CAS	Für Teil d) (3D-Darstellung und Rechnung) erforderlich

Die optimale Safttüte

Getränke wie Milch oder Saft werden häufig in quaderförmigen Verpackungen angeboten, die den Inhalt vor äußeren Einflüssen wie Licht, Sauerstoff und Bakterien schützen müssen. Dazu wird ein Verpackungsmaterial benutzt, das in der Regel zu 75 % aus Karton, zu 20 % aus reinem Polyethylen und zu 5 % aus Aluminium besteht. Dieses Verbundmaterial verursacht Kosten in der Herstellung, aber auch Gebühren an das Duale System Deutschland bei der Entsorgung. Es ist deshalb sinnvoll, sich Verpackungslösungen zu überlegen, die bei vorgegebenem Volumen möglichst wenig Material bei der Herstellung der Tüte benötigen.
Bei dem reichhaltigen Angebot an verschiedenen Getränken, das man in einem großen Supermarkt vorfindet, kann man zwei verschiedene Verpackungsgrundformen unterscheiden:

- die quaderförmige Verpackung mit einer quadratischen Grundfläche und einem „Giebeldach“ (z. B. für Frischmilch).
- die quaderförmige Verpackung mit rechteckiger, nicht quadratischer Grundfläche ohne „Giebeldach“, wie sie häufig für H-Milch verwendet wird.

a) Betrachten Sie eine quaderförmige Verpackung mit quadratischer Grundfläche. Berechnen Sie die Maße einer Getränketüte, die bei vorgegebenem Volumen von 1 Liter einen minimalen Materialbedarf hat. Vernachlässigen Sie dabei zunächst den Giebel und die Falze.

b) Bestimmen Sie bei einer Tüte mit quadratischer Grundfläche und Giebeldach das Volumen der eingefüllten Flüssigkeitsmenge experimentell möglichst genau. Trennen Sie danach die Tüte sorgfältig auf, ermitteln Sie ihre Maße und skizzieren Sie ihr Netz.
Berechnen Sie nun anhand dieser Maße näherungsweise das Volumen dieser Tüte.
Wie beurteilen Sie Ihr Ergebnis?

c) Untersuchen Sie nun Getränketüten mit rechteckiger, nicht quadratischer Grundfläche. Ermitteln Sie die Maße (mit Falz) einer realen Tüte. Welches Volumen errechnen Sie aus diesen Maßen? Wie groß ist der Materialverbrauch?

d) Stellen Sie den Materialverbrauch M einer Tüte wie in c) (zuerst ohne, dann mit Berücksichtigung des Falzes) mit einem Volumen von 1 Liter als Funktion $M(x, y)$ der Breite x und der Tiefe y dar. Zeichnen Sie einen 3D-Graphen der Funktion $M(x, y)$.
Lesen Sie jeweils aus dem 3D-Graphen Näherungswerte für die Maße der Tüte mit minimalem Materialverbrauch ab. Welche Form hat diese Tüte?
Berechnen Sie nun das Wertepaar (x/y), für das der Materialbedarf M minimal wird.
Gehen Sie dazu folgendermaßen vor:
- Im 1. Schritt halten Sie die Tiefe y als Parameter fest und betrachten die Funktionenschar $M_y(x)$.
- Im 2. Schritt halten Sie die Breite x als Parameter fest und betrachten die Funktionenschar $M_x(y)$.

Ermitteln Sie bei beiden Funktionenscharen aus den notwendigen Bedingungen für ein Minimum das Wertepaar (x/y), für das $M(x, y)$ minimal wird.

60	Problematik	Grundkenntnisse aus der Kinematik; Lösen von Extremwertproblemen mittels Differentialrechnung
	Unterrichtsform	Lernzirkel; Zeitbedarf: 3-4 Unterrichtsstunden
	CAS	für die Teile c) und d) hilfreich

Im Schneckentempo über die Autobahn?

Auf der Rückfahrt aus dem Skiurlaub in Adelboden gerät Familie Meier auf der A5 zwischen Basel und Karlsruhe in zähfließenden Verkehr mit Stop and Go. Dies bringt Herrn Meier wieder auf sein Lieblingsthema Verkehrspolitik, und er erklärt seiner Familie: „Ein Tempolimit von 120 km/h wie in Schweiz ist für den Verkehrsfluss optimal, da passen die meisten Fahrzeuge auf die Straße.“
Untersuchen Sie die Aussage von Herrn Meier.

- **Station 1**: ***Der Sicherheitsabstand***
  Zur Verhinderung von Auffahrunfällen muss ein Sicherheitsabstand zwischen hintereinander fahrenden Fahrzeugen eingehalten werden.
  Welche gesetzlichen Regelungen bestehen?
  Wie lange dauert es, bis ein Fahrzeug, das mit der Geschwindigkeit v unterwegs ist, bei einer Vollbremsung zum Stillstand kommt?
  Welche Faustregeln für den Sicherheitsabstand lernt man in der Fahrschule?
  Stellen Sie die Abhängigkeit des Sicherheitsabstandes von der gefahrenen Geschwindigkeit v anhand der Faustregeln und des tatsächlichen Anhalteweges graphisch dar.
  Vergleichen Sie die Sicherheitsabstände bei den verschiedenen Ansätzen. Welche Probleme können sich ergeben?
- **Station 2**: ***Modelle zur Beschreibung von Verkehrsfluss auf Straßen***

> Als **Abstand** d zweier Fahrzeuge bezeichnen wir im Folgenden die Länge der Strecke zwischen den vorderen Stoßstangen zweier aufeinander folgender Fahrzeuge.
> Des Weiteren sollen folgende Vereinfachungen zugrunde gelegt werden:
> - alle Fahrzeuge haben die gleiche Länge l,
> - alle Fahrzeuge haben die gleiche Geschwindigkeit v,
> - alle Fahrzeuge halten den gleichen Abstand d.

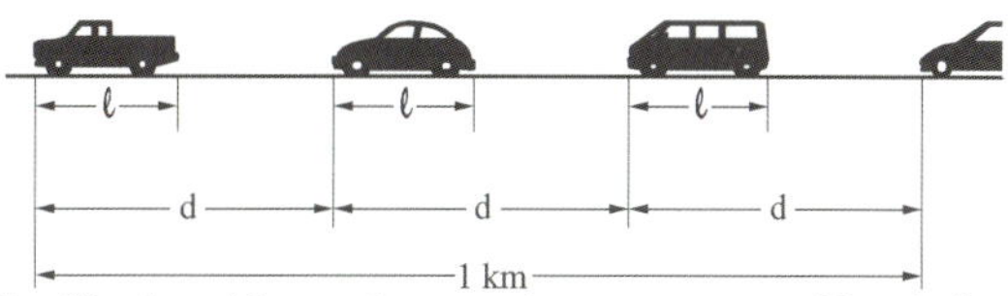

Beschreiben Sie zwei verschiedene Modelle für den Abstand unter den genannten Vereinfachungen.

Modell 1: Absolut sicherer Abstand

Ein Fahrer hält einen absolut sicheren Abstand ein, wenn sein Fahrzeug auch dann rechtzeitig zum Stillstand kommt, wenn das vorausfahrende Fahrzeug aus unvorhersehbaren Gründen abrupt stehen bleiben würde. Das bedeutet, sein Abstand zum Vordermann muss größer oder gleich dem Anhalteweg sein. Will man ganz sicher gehen, setzt man als absolut sicheren Abstand den Anhalteweg vergrößert um eine Fahrzeuglänge an.

Modell 2: Relativ sicherer Abstand
Die Rechtssprechung verlangt von den Kraftfahrern nicht, einen Sicherheitsabstand nach Modell 1 einzuhalten. Verlangt wird aber: Jeder Fahrer muss seinen Abstand zum Vordermann so wählen, dass er bei einem plötzlichen starken Bremsmanöver des vorausfahrenden Verkehrsteilnehmers hinter diesem sicher anhalten kann. Der Sicherheitsabstand müsste in diesem Fall nur so groß sein wie der Reaktionsweg vergrößert um eine Fahrzeuglänge.
Stellen Sie für beide Modelle jeweils einen Funktionsterm auf, der den Abstand d zweier aufeinander folgender Fahrzeuge in Abhängigkeit von der gefahrenen Geschwindigkeit v angibt.
Veranschaulichen Sie die beiden Modelle graphisch. Interpretieren Sie die Unterschiede zwischen beiden Modellen.

- **Station 3**: ***Verkehrsstärke und Verkehrsdichte***

Unter der **Verkehrsdichte k** versteht man die Anzahl der Fahrzeuge pro km. Die **Verkehrsstärke q** ist die Anzahl der Fahrzeuge pro Stunde, d.h. die Anzahl der Fahrzeuge, die innerhalb eines Zählzeitraums von einer Stunde eine Zählstelle passieren.

Von welcher Größe hängt die Verkehrsdichte ab? Beschreiben Sie einen funktionalen Zusammenhang. Welche Einheit hat die Verkehrsdichte?
Geben Sie eine Formel für die Verkehrsstärke an. Wie lautet die Einheit der Verkehrsstärke? Welcher Zusammenhang besteht damit zwischen Verkehrsstärke und Verkehrsdichte?
Stellen Sie einen funktionalen Zusammenhang zwischen der Verkehrsstärke q und der Geschwindigkeit v her, wenn Sie die beiden Abstandsmodelle aus Station 2 zugrunde legen.
Veranschaulichen Sie die beiden Funktionen. In welchen Eigenschaften unterscheiden sich die beiden Graphen grundlegend? Weisen Sie dieses Verhalten rechnerisch nach.
Interpretieren Sie Ihre Ergebnisse. Wo liegen die Schwächen der verwendeten Modelle?

- **Station 4**: ***Exponentialverteilung***

In der Realität sind die Abstände zwischen den Fahrzeugen zufällig verteilt und ändern sich während der Fahrt ständig. In der Praxis wird deshalb häufig ein stochastischer Ansatz mittels einer Exponentialverteilung gewählt. Damit kann der Zusammenhang zwischen der mittleren Geschwindigkeit v und Verkehrsdichte k durch eine Gleichung der Art $v = a \cdot e^{-b \cdot k^c}$ beschrieben werden. Die Konstanten a, b und c werden aus Messdaten ermittelt. In der ersten Abbildung stellen die Punkte die Messwerte aus 1-min-Intervallen dar.
Aus ihnen wurden als Näherungswerte für die Konstanten
a = 140 km/h,
b = 0,0006 und c = 1,8 ermittelt.
Zeichnen Sie für diese Werte von a, b und c den Graphen der Funktion v(k) und interpretieren Sie ihn.

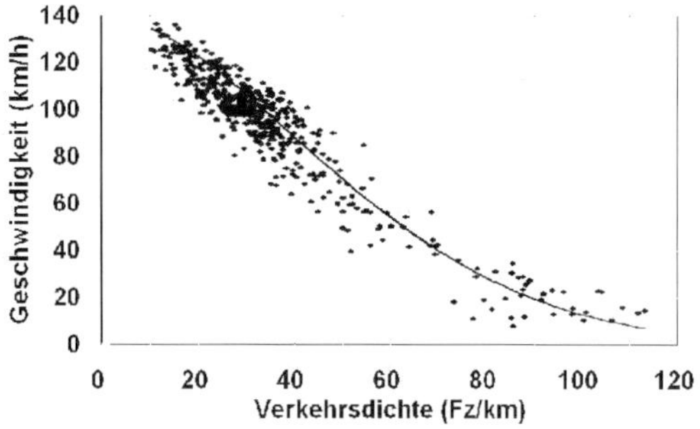

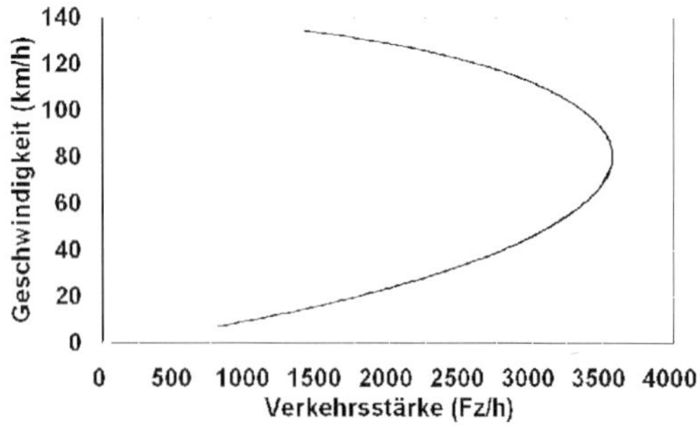

Stellen Sie einen Zusammenhang q(k) zwischen der Verkehrsstärke q und der Verkehrsdichte k her und zeichnen Sie den Graphen der Funktion q(k).
Bei welcher Verkehrsdichte wird die Verkehrsstärke maximal, welche mittlere Geschwindigkeit gehört zur maximalen Verkehrsstärke?
Die zweite Abbildung zeigt den Zusammenhang zwischen der Verkehrsstärkc q und den dabei möglichen mittleren Geschwindigkeiten. Interpretieren Sie diese Graphik.

61	**Problematik**	Extremwertaufgabe mit quadratischer Zielfunktion; Volumen eines Rotationskörpers

Bauen wie die Bienen

Die Firma *BUILDIT Bewehrungstechnologie* bietet eine Flachbetondecke *BEECEIL* an, die in sechseckiger Bauweise wie bei Bienenwaben besondere Vorteile bei der Materialeinsparung und Belastbarkeit bietet. Die Ingenieure haben sich dabei in hervorragender Weise am natürlichen Vorbild einer Bienenwabe orientiert und deren Optimalitätseigenschaften „in Beton gegossen."

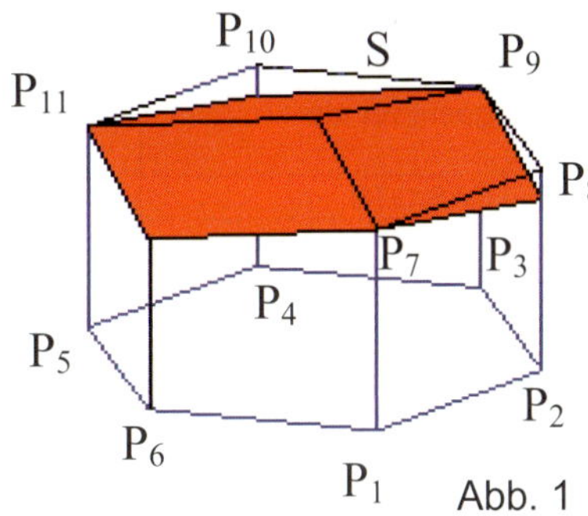

Abb. 1

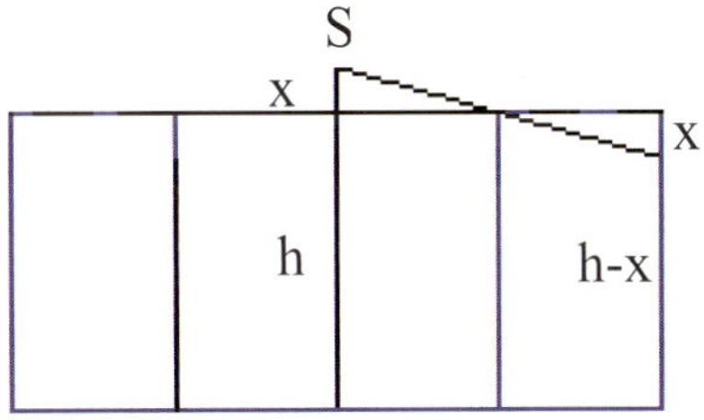

Abb. 2

a) Eine ebene Fläche lässt sich nur mit Dreiecken, Rechtecken und regelmäßigen Sechsecken lückenlos auslegen. Untersuchen Sie für ein gleichschenkliges Dreieck, ein Quadrat und ein regelmäßiges Sechseck das Verhältnis von Fläche und quadriertem Umfang und bestätigen Sie, dass die sechseckige Bienenwabe den optimalen Grundriss besitzt.

b) Eine Bienenwabe ist an einem Ende abgeschlossen. Stark vereinfacht kann man sich die Wabe als Prisma mit einem regelmäßigen Sechseck als Grundfläche vorstellen, welches durch die Ebenen einer dreiseitigen Pyramide abgeschlossen wird. Dabei wird die Pyramide gerade so aufgesetzt, dass das Volumen des gesamten Körpers im Vergleich zum Prisma nicht verändert wird. Die Spitze S wird in der Höhe x über der Oberkante des Prismas angebracht. Die Pyramidenfläche durch S, P_7 und P_9 schneidet so z.B. die Kante P_2P_8 in der Höhe (h-x). Der Teil des Prismas, der oberhalb liegt, wird abgeschnitten und entspricht vom Volumen gerade dem Teil der Pyramide, die das Prisma abschließt (vgl. Abb. 2). Die Seitenflächen einer so abgeschlossenen Bienenwabe werden durch den Schnitt zu Trapezen.

- Bestimmen Sie für eine Bienenwabe mit der Kantenlänge a = 2,5 mm und der Höhe h = 20 mm die optimale Höhe der Spitze S, wenn die Oberfläche der Bienenwabe möglichst klein sein soll (Materialeinsparung).
- Vergleichen Sie eine Wabe, die einen pyramidenförmigem Abschluss hat, hinsichtlich des Materialverbrauchs mit einer Wabe gleichen Volumens ohne Abschluss.

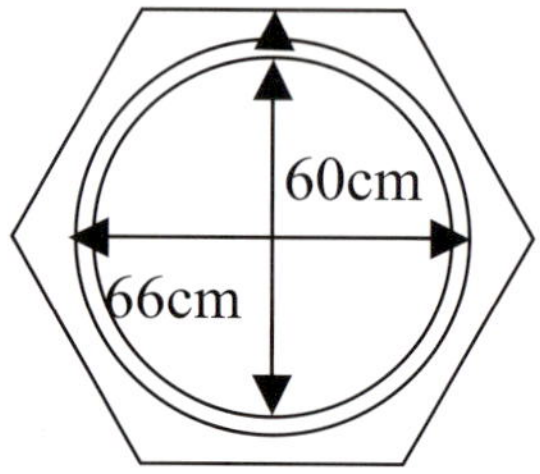

c) Die Firma *BUILDIT* gibt an, dass bei Verwendung der *BEECEIL*-Betondecke durch das Einsetzen eines speziellen Hohlkörpers in eine Wabenzelle eine Ersparnis von bis zu 30 % Beton pro Wabenzelle möglich ist. Der Hohlkörper lässt sich näherungsweise als Kegelstumpf (Basisdurchmesser 66 cm, Höhe 20 cm, oberer Durchmesser 60 cm) mit aufgesetztem Segment eines Paraboloids (Höhe 11 cm) betrachten. Die Höhe einer Wabenzelle beträgt 45 cm, der Durchmesser 70 cm. Sie ist als Wabe ohne Abschluss ausgebildet. Überprüfen Sie die Angaben der Firma.

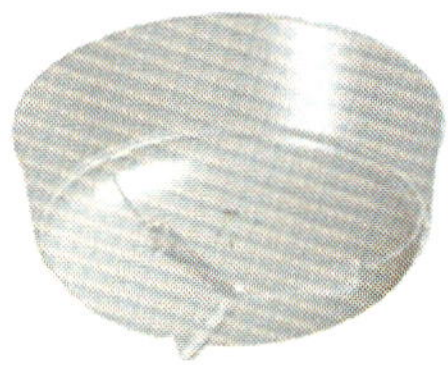

62	**Problematik**	Exponentialfunktionen (Kettenlinien); Berechnung von Bogenlängen
	geeignet als	Einstiegsaufgabe zur Berechnung von Bogenlängen (alternative Aufgabenstellung zu c) auf der CD)
	CAS/GTR	aufgrund umfangreicher Rechnungen notwendig

Golden-Gate-Bridge

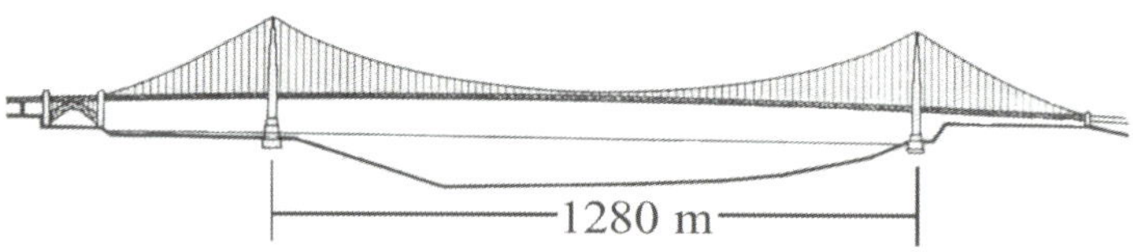

Die Golden-Gate-Bridge war nach ihrer Erbauung im Jahr 1937 mehr als 25 Jahre lang die längste Brücke der Welt. Die beiden Hauptkabel sind an der Spitze der beiden Pfeiler in 152 m Höhe über der Straße befestigt, der tiefste Punkt jedes der beiden Kabel befindet sich in ca. 20 m Höhe über der Straße.

a) Beschreiben Sie die Lage des Kabels zwischen den beiden Pfeilern durch eine Parabel bzw. durch eine Kettenlinie der Form $g(x) = a \cdot \left(e^{b \cdot x} + e^{-b \cdot x}\right)$; a, b > 0. Stellen Sie die beiden Kurven in einem gemeinsamen Koordinatensystem graphisch dar. Wo ist der Unterschied zwischen den beiden Modellen am größten?

b) In welchem Bereich steigt die Parabel schneller als die Kettenlinie, in welchem Bereich ist bei beiden Modellen die Steigung jeweils geringer als 10 %?
Wie groß ist jeweils die Steigung an der Pfeilerspitze?

c) Welche Länge hat ein Kabel zwischen den beiden Pfeilerspitzen?

Kapitel 3: Geometrie

63	**Problematik**	Ebenen; Winkel- und Flächenberechnungen
	Voraussetzungen	Grundkenntnisse in der Darstellenden Geometrie

Das Schwarzwaldhaus

Bauernhöfe im Schwarzwald haben in der Regel ein tief herabgezogenes so genanntes Krüppelwalmdach. Diese Dachform wird vor allem in Gegenden gewählt, wo Giebel vor rauer Witterung geschützt werden müssen.

a) Gegeben sind Grund- und Aufriss eines Schwarzwaldhauses (alle Maße in Meter).
Zeichnen Sie ein Schrägbild des Hauses in einem geeigneten Maßstab.
Geben Sie die Koordinaten der eingezeichneten Punkte an.
Untersuchen Sie, ob die Punkte E, G, H, I, K und F eine ebene Dachfläche bilden.

b) Die Gemeindeverwaltung empfiehlt allen Hausbesitzern, Dachflächen, die eine größere Dachneigung als 45° aufweisen, mit Schneefanggittern zu versehen. Welche Dachflächen des Bauernhauses müssen nachgerüstet werden?

c) Wie groß ist die gesamte Dachfläche?

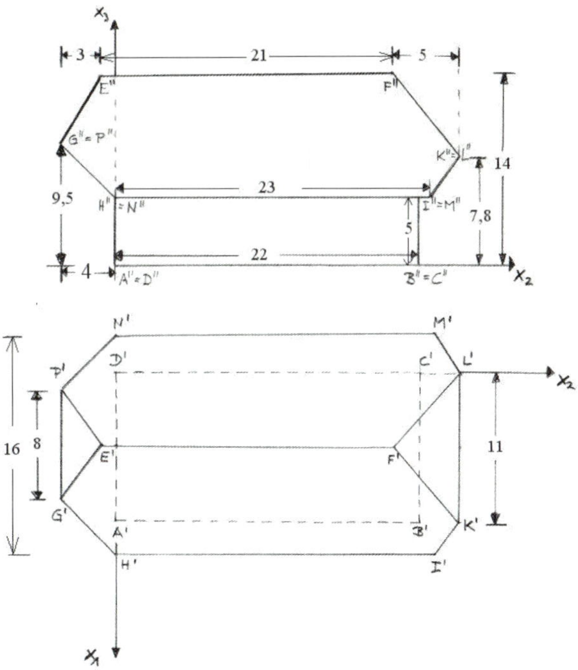

d) Welche Grundfläche hat der Speicherboden in 10 m Höhe über der Grundfläche?

e) Das Schwarzwaldhaus liegt an einem Hang, der die vordere Grundkante BC enthält und eine Steigung von 11 % aufweist. An der Hausrückseite soll vom Hang her eine waagerechte Einfahrt angelegt werden, die in einer Höhe von 6 m über der Grundfläche ins Haus führt. Wie weit von der Hausrückseite entfernt muss mit der Einfahrt begonnen werden?

64	**Problematik**	Winkel zwischen Ebenen; Flächenberechnung
	Voraussetzungen	Strahlensätze
	CAS/GTR	Aufgrund der verwendeten „ungeschönten“ Originalmaße erscheint die Verwendung von CAS sinnvoll

Die gläserne Pyramide – Eingang zum Louvre

Im Rahmen der Modernisierung der größten Kunstsammlung der Welt, des Pariser Louvre errichtete im Jahre 1981 der amerikanische Architekt Ieoh Ming Pei eine gläserne Pyramide, durch welche die Besucher in die Napoleon-Halle des Museums gelangen.

a) Welche Neigung haben die Seitenflächen?
Welchen Winkel schließen die Seitenflächen miteinander ein?

Grundkante 35,40 m

Höhe 21,65 m

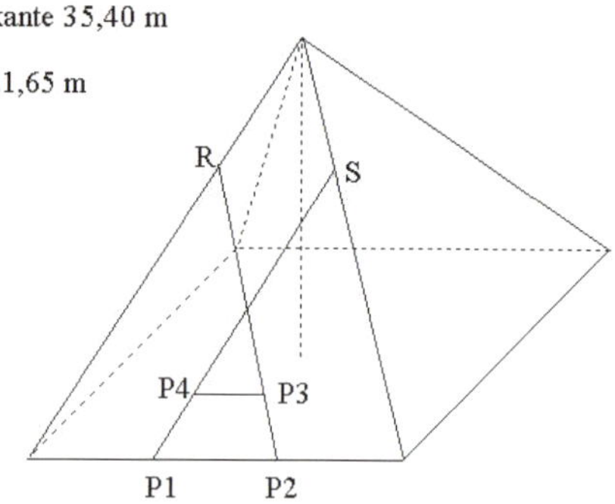

b) Die Punkte P_1 und P_2 teilen eine Grundkante in drei gleich lange Teile, die Punkte R und S teilen die beiden Seitenkanten der zugehörigen Seitenfläche im Verhältnis 2:1.
Den Pyramideneingang bildet ein gleichschenkliges Trapez, das von den Geraden P_1S und P_2R sowie der Parallelen P_3P_4 zur Grundkante gebildet wird. Die Eingangshöhe beträgt 2,80 m.
Welche Maße hat die trapezförmige Eingangsöffnung?

c) Zeichnen Sie ein maßstabsgetreues Schrägbild mit Eingangsbereich.
Wie groß ist die gesamte Glasfläche?

d) In einem Reiseführer wird erwähnt, die Pyramide habe die gleichen Proportionen wie die Cheops-Pyramide in Gizeh, deren Basisbreite ursprünglich 230,36 m und deren Höhe 146,59 m betrug. Überprüfen Sie diese Behauptung.

e) Die Pyramide steht auf einer quadratischen Fläche. Sie wird auf drei Pyramidenseiten durch sieben Wasserbecken gebildet, welche die Form eines gleichschenklig-rechtwinkligen Dreiecks haben. Die Wege zwischen den Becken haben eine Breite von 2 m.
Welche Maße haben die Wasserbecken, wie groß ist die gesamte quadratische Fläche?
Zeichnen Sie einen maßstabsgetreuen Grundriss dieser quadratischen Fläche mit Pyramide, Wasserbecken und Wegen.

65		
	Problematik	Kreis- und Kugelgeometrie
	Voraussetzungen	Skalarprodukt; Kugeln; Kenntnisse aus Trigonometrie
	CAS/GTR	für Teil c) CAS sinnvoll

Disegno angelico è non umano – das Pantheon

Das Pantheon in Rom, der größte und berühmteste Kuppelbau der Antike, wurde von Kaiser Hadrian in den Jahren 117 bis 138 in der heutigen Form erbaut. Auf den 6,20 m starken Wänden des Rundbaus liegt die Kuppel auf, deren Scheitelhöhe von 21,60 m der Höhe der Wände entspricht. Die Gesamthöhe von 43,20 m entspricht wiederum dem Durchmesser des Innenraums. Diese Übereinstimmung der Maße bedingt, dass die Kuppel im Innenraum die Form einer Halbkugel aufweist. Der Raum wird einzig durch eine große kreisrunde Öffnung (Okulus) von 9 m Durchmesser im Scheitel der Kuppel erhellt.

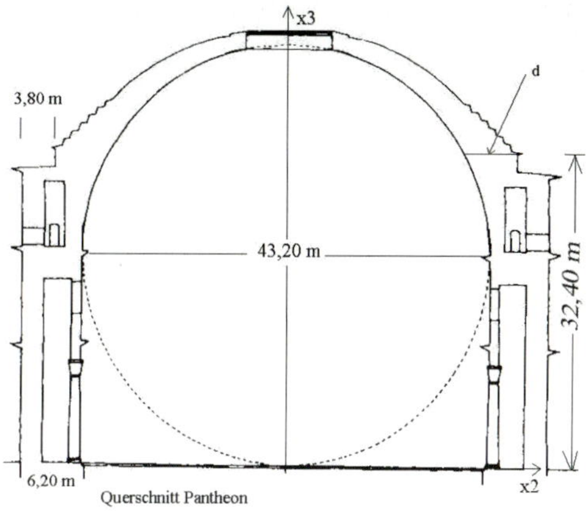

Querschnitt Pantheon

a) In welcher Höhe über dem Fußboden befindet sich der Okulus?
b) Der äußere Rand der Kuppel liegt in einer Höhe von 32,40 m auf den Seitenwänden auf. Wie groß ist an dieser Stelle die horizontale Dicke d der Kuppel?
c) Durch die Öffnung einfallendes Licht erzeugt auf Boden oder Wand einen Lichtfleck. Wie groß darf der Winkel des einfallenden Lichtes gegen die Vertikale höchstens sein, damit der Lichtfleck vollständig auf dem Fußboden liegt? Bei welchen Winkeln liegt der Fleck vollständig außerhalb des Fußbodens?
d) Parallel einfallende Sonnenstrahlen haben die Richtung des Vektors $\begin{pmatrix} 2 \\ 1 \\ a \end{pmatrix}$, $a < 0$.
Untersuchen Sie die Lage des Lichtflecks in Abhängigkeit von a.
Es fallen Sonnenstrahlen in Richtung des Vektors $\begin{pmatrix} 2 \\ 1 \\ -6 \end{pmatrix}$ ein. Geben Sie die Art und die genaue Lage des Lichtflecks an.

66		
	Problematik	Winkel zwischen Ebenen; Schnitt von Geraden und Ebenen;
	Voraussetzungen	Grundkenntnisse in der Darstellenden Geometrie

Arche de la Défense – architektonische Herausforderung

Auf der Verlängerung der historischen Achse Louvre – Champs-Elysées – Arc de Triomphe erhebt sich seit 1989 im hypermodernen Büro- und Geschäftsviertel La Défense die spektakuläre „Grande Arche", ein Torbogen aus Marmor und Glas.

a) Zeichnen Sie in ein räumliches Koordinatensystem ein maßstabgetreues Schrägbild der „Grande Arche". Geben Sie die Koordinaten aller Eckpunkte des Torbogens an.
b) Welches Volumen hat der Baukörper?
c) Im Foto ist der vordere Treppenaufgang mit 51 Treppenstufen sichtbar. Welche Steigung hat er? Wie groß sind Stufenhöhe und Auftrittstiefe einer Stufe?
d) In der „Grande Arche" sind in 35 Etagen Büroräume untergebracht. Wie groß ist die Querschnittsfläche einer Etage in 100 m Höhe?

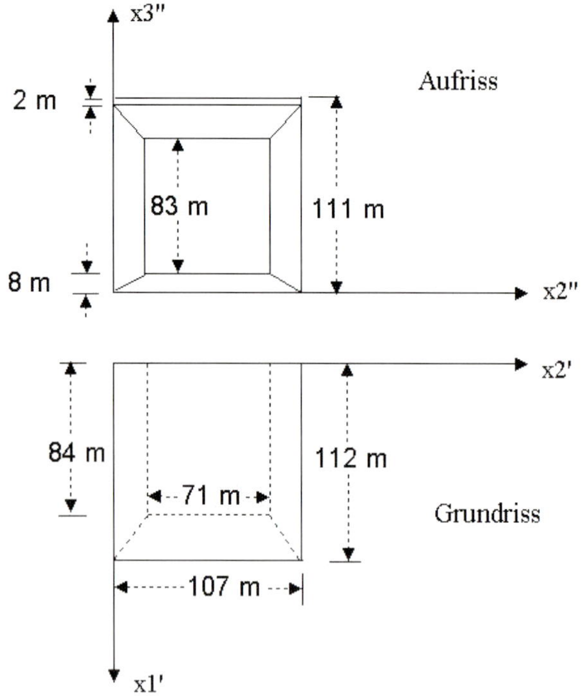

67	**Problematik**	Winkel zwischen zwei Ebenen; Flächen- und Körperberechnungen
	Voraussetzungen	Grundkenntnisse aus der Darstellenden Geometrie

Kirche mit Längs- und Querschiff

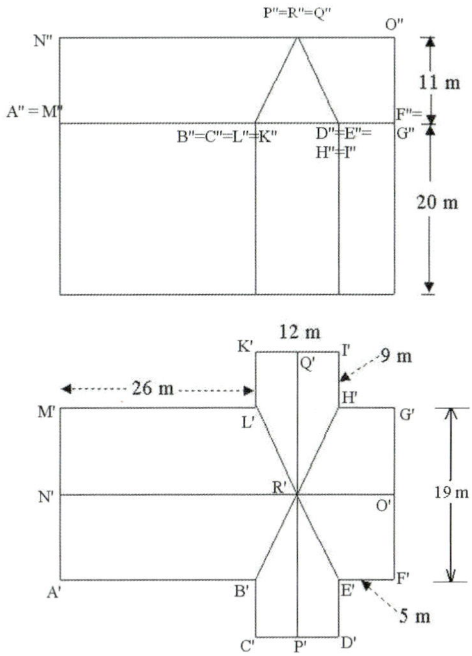

Die St. Bernhardus-Kirche in Karlsruhe gilt als eine der bedeutendsten neugotischen Kirchen in Baden. Ihr Grundriss besteht aus einem nach Osten ausgerichteten Längsschiff, das von einem Querschiff durchkreuzt wird.

a) Ein vereinfachter Grund- und Aufriss eines solchen Kirchenbaus (ohne Kirchturm) wird oben rechts dargestellt.
Zeichnen Sie ein Schrägbild des Kirchengebäudes in einem geeigneten Maßstab und geben Sie diesen Maßstab an. Es wird die nebenstehende Darstellungsweise empfohlen. Legen Sie dazu das Kirchengebäude möglichst geschickt in ein räumliches Koordinatensystem und geben Sie die Koordinaten aller eingezeichneten Eckpunkte des Daches an.

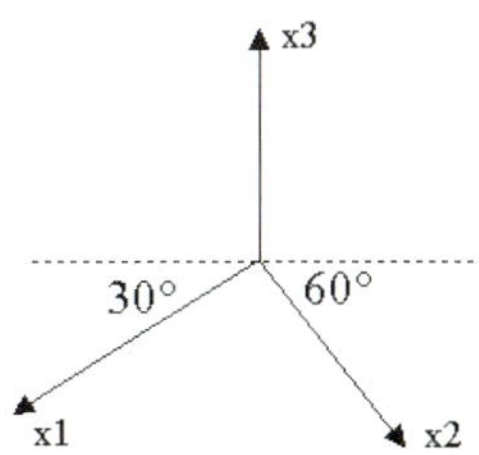

Verkürzungsfaktor in x3-Richtung 0,7

b) Wie groß ist die Dachneigung von Längs- und Querschiff, unter welchem Winkel stoßen die Dächer der beiden Schiffe zusammen?

c) Wie groß ist der umbaute Raum des Kirchengebäudes?

d) Da das Dach an mehreren Stellen undicht geworden ist, holt die Kirchengemeinde bei einem Dachdecker ein Angebot ein. Er verlangt 165 € pro m^2 (o. MwSt.) inklusive aller Nebenkosten. Die Kirchengemeinde hat über städtische Zuschüsse, Spenden u. a. 400 000 € für die Dachrenovierung gesammelt. Reicht dieser Betrag aus?

68	Problematik	Winkel- und Abstandsberechnungen
	CAS/GTR	Für c) und d) wird die Verwendung eines CAS empfohlen

Die Pyramide auf dem Marktplatz

Auf dem Marktplatz im Zentrum einer Stadt steht zu Ehren des Stadtgründers eine quadratische Pyramide mit 6 m Seitenlänge und einer Höhe von 7 m.
Anlässlich eines Stadtjubiläums soll auf einer Seitenfläche der Pyramide eine quadratische Gedenktafel angebracht werden, die eine Seitenlänge von 1 m hat.

a) Wie steil sind die Seitenflächen der Pyramide, unter welchem Winkel stoßen benachbarte Seitenflächen zusammen?

b) Es gibt Überlegungen, ob man zur Befestigung der Gedenktafel mit einem Bohrloch auskommen kann, wenn man senkrecht zur Seitenfläche so bohrt, dass die Bohrrichtung auf den Mittelpunkt der gegenüberliegenden Grundkante zielt.
Wählen Sie eine der vier Seitenflächen aus und bestimmen Sie auf ihr die Lage des geplanten Bohrlochs.
Beschreiben Sie die Lage des Bohrlochs auf der Seitenfläche unabhängig von der gewählten Seitenfläche möglichst genau.

c) Bei obigem Plan liegt der Mittelpunkt der Gedenktafel auf dem Bohrloch, ihre Unterkante verläuft parallel zur Grundkante der Seitenfläche.
Zeichnen Sie ein maßstabsgetreues Bild dieser Seitenfläche mit Bohrloch und Lage der Messingtafel.
Berechnen Sie die Abstände, die bei diesem Plan die vier Eckpunkte der Tafel von den Seitenkanten bzw. von der Grundkante dieser Seitenfläche hätten.

d) Vor Jahren war schon einmal eine Gedenktafel auf dieser Seitenfläche angebracht, die aber zwischenzeitlich verloren gegangen ist. Die vier Bohrlöcher, an denen die alte Tafel befestigt war, sind aber immer noch deutlich zu sehen. Sie bilden die Eckpunkte eines Quadrats mit 60 cm Seitenlänge, dessen Mittelpunkt der Schwerpunkt der Seitenfläche ist. Die Verbindung der beiden unteren Bohrlöcher ist ebenfalls parallel zur Grundkante der Seitenfläche.
Würden sie bei der geplanten Lage der neuen Gedenktafel durch diese verdeckt?

69	**Problematik**	Ebenen in Normalenform; windschiefe Geraden; Flächenberechnungen
	CAS/GTR	„per Hand“ lösbar
	geeignet als	Klausuraufgabe

Renovierung eines Kirchturmdaches

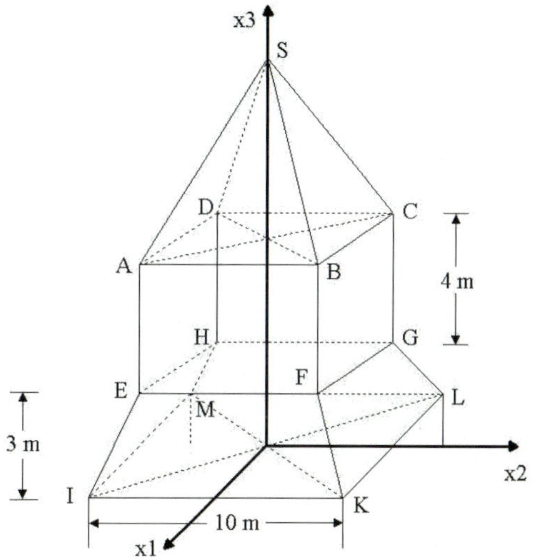

Die Dachspitze eines Kirchturms hat die Form einer geraden quadratischen Pyramide. Dabei betragen sowohl die Seitenlänge der Grundfläche ABCD als auch die Höhe der Pyramide jeweils 8 m.

a) Zeichnen Sie einen maßstabgetreuen Grund- und Aufriss des Turmdaches und nennen Sie den benutzten Maßstab. Geben Sie die Koordinaten aller eingezeichneten Eckpunkte des Daches an.

b) Wie groß sind die Innenwinkel zwischen einer der dreieckigen Seitenflächen und der Fläche ABCD bzw. zwischen zwei benachbarten dreieckigen Seitenflächen?
Untersuchen Sie, ob die Seitenfläche ABS der Pyramide parallel zur unteren Dachfläche IKFE ist.

c) Das gesamte Kupferdach des Turmes muss neu gedeckt werden. Die beauftragte Firma berechnet 215 € pro m^2 (inklusive aller anfallenden Zusatzarbeiten, ohne Mehrwertsteuer). Wie teuer wird das Decken des Daches?

d) Vor dem Neudecken des Daches werden zur Verstärkung des Dachstuhls zwei Stützbalken eingezogen (Die Dicke der Balken ist vorerst in der Rechnung zu vernachlässigen).
Der erste Balken wird in der Mitte der Dachkante $\overline{AD}$ angesetzt und stützt die Dachfläche BCS senkrecht ab. Der zweite Balken stützt von C aus die Kante $\overline{AS}$ senkrecht ab.
Wie lang sind die beiden Balken?

e) Untersuchen Sie, ob es beim Einbau der beiden Balken zu Problemen kommt, wenn beide Balken eine quadratische Querschnittsfläche von 15 cm Seitenlänge besitzen.

70		
	Voraussetzung	Koordinaten im IR³; sonst Kenntnisse aus der Mittelstufe ausreichend
	Problematik	Orientierung im IR³
	Zusatzmaterial	weitere Fotos auf der CD
	Unterrichtsform	Gruppenarbeit

Industriedenkmal in Bottrop

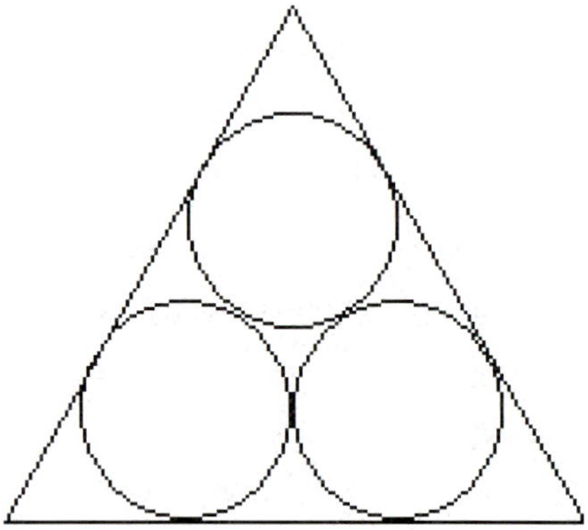

In Bottrop wurde auf einer Halde ein Tetraeder errichtet, das heute als Aussichtspunkt dient. Die Kantenlänge des Tetraeders beträgt 60 m.

a) Geben Sie die Eckpunkte des Tetraeders in einem geeigneten Koordinatensystem an. Wie hoch sind die Betonfüße, wenn die Höhe des Tetraeders mit 58 m über dem Haldenboden angegeben ist?
Im Inneren des Tetraeders befinden sich zwei Dreiecke, die parallel und ähnlich zur Grundfläche sind. Die Flächeninhalte der Grundfläche zum mittleren bzw. des oberen Dreieck verhalten sich wie 16:4:1.
Auf welcher Höhe liegen diese beiden Dreiecke, welche Maße haben sie?
Bestimmen Sie die Koordinaten der Eckpunkte des mittleren und oberen Dreiecks.

b) Das große Tetraeder besteht aus 4 Tetraedern der Seitenlänge 30 m. Die drei äußeren dieser Tetraeder bestehen nochmals aus je vier Tetraedern, welche die Seitenlänge 15 m haben. Zusätzlich sind ein paar weitere Verstrebungen zur Stabilisierung eingebaut. Die Stadt Bottrop gibt die Länge der Stahlrohre, die für die gesamte Konstruktion benötigt wurden, mit 1,5 km an. Nehmen Sie zu dieser Aussage Stellung.

c) Die für den Bau des Tetraeders verwendeten Rohre haben einen Durchmesser von 40 cm. Wie dick ist die Rohrwand, wenn die Masse des Tetraeders mit 230 Tonnen angegeben wird?

d) Für das Tetraeder gab es noch einen weiteren Entwurf. Bei diesem Entwurf lagen drei kreisförmige Aussichtsplattformen im mittleren der in a) genannten Dreiecke wie in der Skizze. Welchen Radius haben diese Plattformen?

e) Wie veränderte sich der Radius, wenn nur eine kreisförmige Plattform in dieses Dreieck einbeschrieben würde? Wie viele Menschen hätten auf einer solchen Plattform Platz? Schätzen Sie zuerst, bevor Sie rechnen!
Vergleichen Sie mit dem Plan aus Teilaufgabe d).

71		
	Voraussetzungen	Skalarprodukt; Vektorzüge; Schnitt Ebene - Gerade;
	CAS/GTR	notwendig
	Unterrichtsform	Projekt; Gruppenarbeit
	Material	Klebstoff, Tesaband, Knete, Trinkhalme oder Holzstäbchen
	Schwierigkeit	Die Bestimmung der Koordinaten der Punkte A', F', B' und H' ist schwierig; auf diesen Teil von b) könnte man ggf. verzichten
	Zeitbedarf	ca. 3-4 h (mit Präsentation der Ergebnisse)

Piet Bloms „Kubuswoningen“

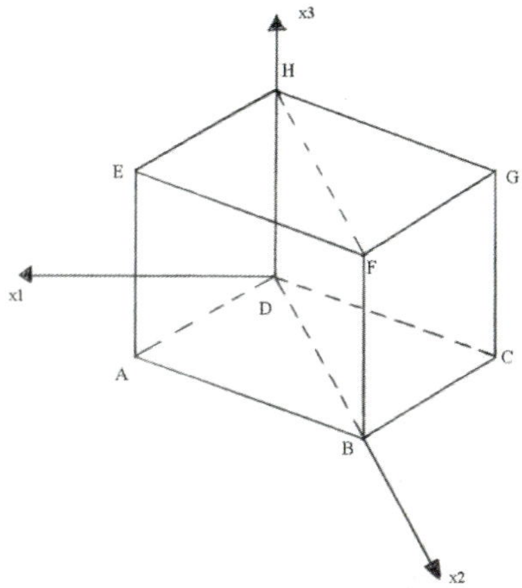

Der niederländische Architekt Piet Blom (1934-1999) entwarf in Helmond (1974/75) und Rotterdam (1978-84) Wohnungsbauprojekte mit kubusförmigen Häusern.
Jedes einzelne Haus hat die Form eines „Baumes“ mit einem Würfel als „Baumkrone“ und einem regelmäßigen sechsseitigen Prisma als „Baumstamm“.
Der Würfel steht so auf einer Ecke, dass eine der Raumdiagonalen vertikal verläuft.

a) Fertigen Sie ein Kantenmodell eines Würfels an und benutzen Sie im Folgenden dieses Modell, um sich die Lage der Eckpunkte im gekippten Würfels vorstellen zu können.

b) Ein Würfel der Kantenlänge a wird wie im obigen Bild in ein räumliches Koordinatensystem gelegt, so dass der Punkt D im Ursprung und die Diagonale DB der Grundfläche auf der x_2-Achse liegt. Der Würfel wird dann so um den Punkt D gedreht, dass die Raumdiagonale DF auf die x_3-Achse fällt.
Um welchen Winkel wird dabei der Würfel gekippt?
Zeigen Sie, dass nach der Drehung die Bildpunkte A', B', F' und H' die folgenden Koordinaten besitzen:

$$A'\left(\frac{a}{\sqrt{2}} / \frac{a}{\sqrt{6}} / \frac{a}{\sqrt{3}}\right),\ B'\left(0 / a\sqrt{\frac{2}{3}} / \frac{2a}{\sqrt{3}}\right),\ F'\left(0/0/a\sqrt{3}\right),\ H'\left(0 / -a\sqrt{\frac{2}{3}} / \frac{a}{\sqrt{3}}\right)$$

Bestimmen Sie die Koordinaten der fehlenden Eckpunkte.

c) Der Würfel hat eine Kantenlänge a = 6,80 m. Geben Sie Näherungswerte für die Koordinaten aller Eckpunkte des gekippten Würfels an.
Zeichnen Sie damit ein Schrägbild des gekippten Würfels.

d) Der gekippte Kubus enthält drei Wohnebenen. Die unterste Ebene hat die Form eines Dreiecks. Wie groß kann die Wohnfläche dieser Ebene maximal sein, auf welcher Höhe liegt sie dann?
Wie groß ist die unterste Wohnfläche, wenn sie in 2 m Höhe liegt?
Die mittlere Wohnebene hat eine sechseckige Form. Geben Sie ein Intervall an, in dem die Höhe der mittleren Ebene liegen kann.

e) Das regelmäßige sechsseitige Prisma, auf dem der Kubus sitzt, hat eine Seitenlänge von 1,90 m. Dabei liegt der Eckpunkt D' des Kubus so im Inneren des Prismas, dass er auf einer Orthogonalen zur x_1x_2-Ebene durch die Mittelpunkte der Grund- bzw. Deckfläche des Prismas liegt. Die Zeichnung zeigt den Grundriss von Kubus und Prisma. Dabei sind die bei der Draufsicht von oben nicht sichtbaren Linien gestrichelt. In welchen Punkten treffen die Seitenkanten der Prismas auf die Seitenflächen des Würfels?
Wie tief liegt der Punkt D' im Inneren des sechseckigen Prismas?

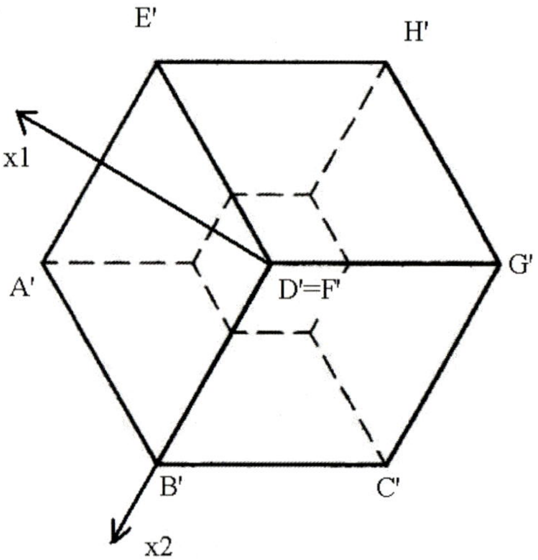

72	Problematik	Winkel und Länge von Strecken
	Voraussetzungen	größtenteils mit elementargeometrischen Kenntnissen (Strahlensätzen) lösbar

Entwurf eines Eckregals

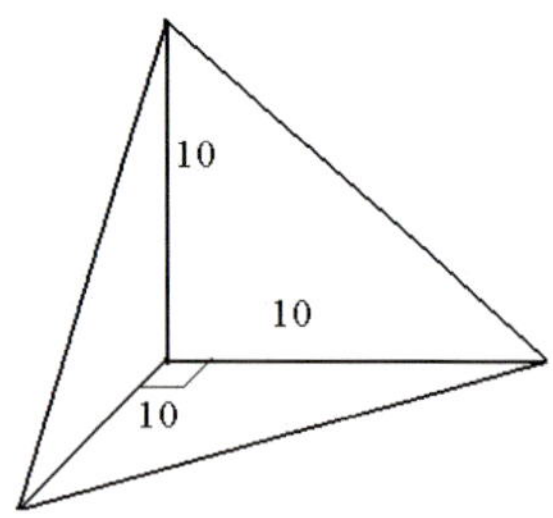

Ein Möbeldesigner entwirft ein Modell für ein Eckregal. Es besteht aus drei Metallstäben, die jeweils 10 dm lang und paarweise orthogonal sind. Ihre Eckpunkte werden durch drei weitere Metallstäbe verbunden.

a) Wie viel Meter Metallstab wird für das Gestell gebraucht?
Unter welchen Winkeln treffen sich die drei Metallstreben an der Spitze des Regals?

b) In diesem Gestell werden drei Regalbretter befestigt, deren Flächen sich wie 1:4:9 verhalten.
Der Abstand des untersten Regalbrettes zum Regalboden beträgt 1 dm.
Welche Abstände haben die drei Regalbretter voneinander?
Wie groß ist jeweils die maximale Tiefe eines Regalbrettes?

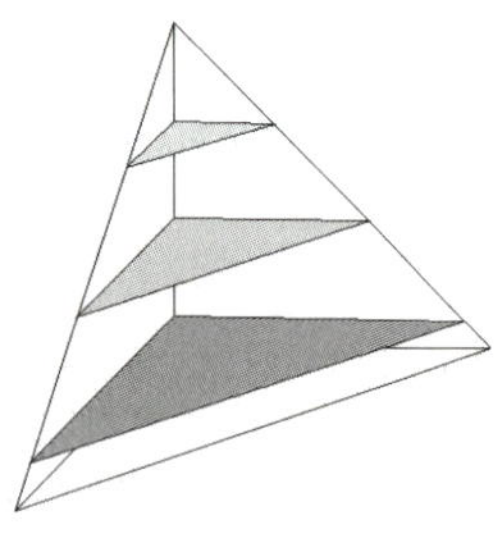

73		
	Problematik	Geraden; Ebenen; Winkelberechnungen
	CAS/GTR	„per Hand" lösbar
	geeignet als	Klausuraufgabe

Anbau eines Carports

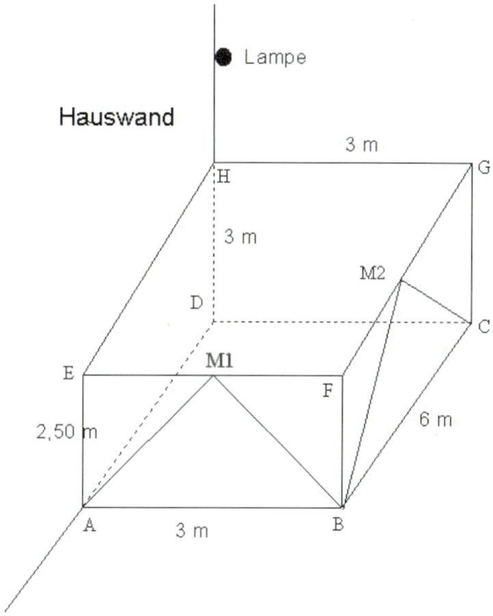

Herr Schmitt plant, einen Carport direkt an die Wand seines Hauses anzubauen. Sein Nachbar empfiehlt ihm, bei der Planung eine Dachneigung von mindestens 5 % zu berücksichtigen, damit der Regen gut abfließen kann.

a) Hat Herr Schmitt mit seinem Plan diese Empfehlung befolgt? Wie groß ist der „umbaute Raum"?

b) An der Hauskante ist eine Lampe in 4 m Höhe befestigt, die rundum strahlt. Wie groß wäre die Fläche des Schattens, den der Carport werfen würde? Zeichnen Sie ein maßstabsgetreues Schrägbild des Carports. Zeichnen Sie auch die Schattenfläche ein.

c) Es ist geplant, sowohl die rechte offene Seitenfläche BCGF als auch die Rückfläche ABFE jeweils durch zwei Balken zu verstärken. Diese Balken führen in der Rückfläche von der Mitte M_1 der Kante $\overline{EF}$ zu den beiden Ecken A bzw. B, in der Seitenfläche von der Mitte M_2 der Kante $\overline{FG}$ zu den beiden Ecken B bzw. C. Wie lang sind diese vier Balken? Um die Balken zurechtsägen zu können, benötigt Herr Schmitt den Winkel, unter dem sich die beiden schrägen Balken in der Ecke B treffen. Wie groß ist dieser Winkel?

d) Herr Schmitt liebäugelt schon seit einiger Zeit mit einem neuen Campingbus, der 4,90 m lang, 1,95 m breit und 2,60 m hoch ist. Zeigen Sie, dass der neue Campingbus nicht in den geplanten Carport passen würde. Wie könnte Herr Schmitt seinen Entwurf verändern, wenn er die von seinem Nachbarn empfohlene Dachneigung nicht unterschreiten möchte?

74	Problematik	Geradengleichungen; Länge eines Vektors; Kenntnisse aus Kreis- und Kugelgeometrie

Wetterballon auf Reisen

Ein so genannter Wetterballon, bestehend aus einem Ballon und einer Radiosonde, dient in der Meteorologie zur Messung von Klimaelementen wie z. B. Temperatur, Luftdruck und Luftfeuchtigkeit. Die Messungen erfolgen, während der Ballon in die Höhe steigt. Die gesammelten Daten werden per Funk an die Bodenstation gesendet.
Die Position einer Radiosonde kann per GPS festgestellt werden, um die Windrichtung zu bestimmen.
Zur Vereinfachung denken wir uns die Radiosonde quaderförmig, den Ballon kugelförmig.

a) Vor dem Start steht die Radiosonde so auf der x_1x_2-Ebene eines räumlichen Koordinatensystems, dass der Koordinatenursprung im Mittelpunkt der Bodenfläche und die Mittelpunkte M_1 und M_2 der oberen Seitenkanten in der x_2x_3-Ebene liegen. (1 LE = 1 m)
Zeichnen Sie in einem geeigneten Maßstab das Schnittbild des Wetterballons mit der x_2x_3-Ebene. Geben Sie die Koordinaten des Kugelmittelpunktes an.

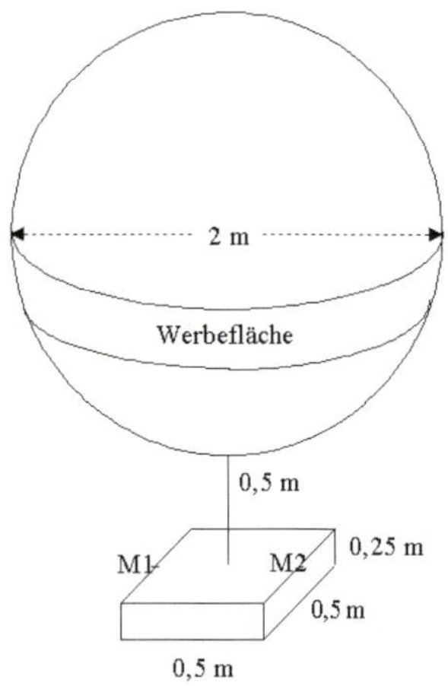

b) Der Sponsor beansprucht eine Werbefläche von 2,5 m^2 in Form einer Kugelzone, deren oberer Rand auf dem „Kugeläquator" liegt. Welche Länge hat der untere Rand der Werbefläche?
Bevor der Ballon aufgeblasen wird, wird auf diesen Streifen ein einzeiliger Werbeslogan in Großbuchstaben aufgedruckt. Wie lang sind die Buchstaben nach dem Aufblasen, wenn sie nun von den beiden Rändern des Streifens jeweils 5 cm Abstand haben?

c) Nach dem Start steigt der Ballon über einen längeren Zeitraum pro Sekunde um den Vektor $\begin{pmatrix} 0{,}5 \\ -2 \\ 4 \end{pmatrix}$. Welche Höhe hat der Ballon nach einer Minute erreicht, mit welcher Geschwindigkeit (in km/h) fliegt er?

d) In 1,5 km Höhe ändern sich die Windverhältnisse, der Ballon wird nun pro Sekunde um den Vektor $\begin{pmatrix} 2 \\ -1 \\ 5 \end{pmatrix}$ weitergetrieben. Wie weit ist er von seinem Startpunkt entfernt, wenn er eine Höhe von 5 km erreicht hat? Wie lange war er bis zu dieser Höhe unterwegs?

75		
	Prioblematik	windschiefe Geraden und ihr Abstand
	geeignet als	Klausuraufgabe (in einem CAS-Kurs)
	CAS/GTR	bei b) und c) CAS hilfreich

Kommt es zum Crash?

Die Positionen von Flugzeugen im Luftraum können durch Punkte in einem räumlichen Koordinatensystem beschrieben werden, bei dem die als Ebene betrachtete Erdoberfläche in der x_1x_2-Ebene liegt.

a) Ein Flugzeug A bewegt sich auf einem als geradlinig angenommenen Kurs von P(- 35/50/10) pro Sekunde um $\begin{pmatrix} 0{,}15 \\ -0{,}15 \\ 0 \end{pmatrix}$.

Zum gleichen Zeitpunkt, in dem Flugzeug A sich im Punkt P befindet, fliegt ein zweites Flugzeug B vom Punkt Q(-25/15/9) aus geradlinig in Richtung des Vektors $\begin{pmatrix} 0{,}1 \\ -0{,}05 \\ k \end{pmatrix}$.

Untersuchen Sie, ob es auf den beiden Flugbahnen zu einer Kollision kommen kann (Längeneinheiten in Kilometer).

b) Das Flugzeug B fliegt im Punkt Q auf dem Kurs $\begin{pmatrix} 0{,}1 \\ -0{,}05 \\ 0{,}001 \end{pmatrix}$ weiter.

Wie groß ist der minimale Abstand der beiden Flugbahnen? Geben Sie die Koordinaten der beiden Bahnpunkte an, deren Abstand minimal ist.
Warum sind die beiden Flugzeuge in Wirklichkeit weiter voneinander entfernt?
Wie groß ist der tatsächliche minimale Abstand?
Wie schnell fliegen die beiden Flugzeuge?

c) Wegen der hohen Fluggeschwindigkeiten müssen die beiden Piloten einen Mindestabstand von 1 km einhalten, damit es nicht zu einem "Fastzusammenstoß" kommt.
Gehen Sie davon aus, dass beide Flugzeuge zum gleichen Zeitpunkt den "scheinbaren Schnittpunkt" erreichen.

Welche Werte von k im Richtungsvektor $\begin{pmatrix} 0{,}1 \\ -0{,}05 \\ k \end{pmatrix}$ von Flugzeug B kommen in Frage, wenn beide Flugzeuge gerade den Mindestabstand einhalten?

76	Problematik	Geradengleichungen; Abstand paralleler Geraden; Spiegeln eines Punktes an einer Ebene
	CAS/GTR	nicht nötig

Einmal zum Mond und zurück – Lunar Laser Ranging

Bei den verschiedenen Mondlandungen ließen die Astronauten auf dem Mond Reflektoren in der Form von Tripelspiegeln bzw. Tripelprismen zurück, die dazu dienen, ständig Informationen, z.B. über den Abstand des Mondes zur Erde oder die Verschiebung der Kontinente auf der Erde, zu gewinnen.
Das Messverfahren (lunar laser ranging) läuft folgendermaßen ab:
Ein sehr kurzer Laserblitz wird von einem Teleskop in Richtung des Spiegels geschossen, von ihm reflektiert und vom Teleskop wieder aufgefangen. Mithilfe der gemessenen Laufzeit des Laserstrahls konnte man bereits im Jahr 1969 die Entfernung zwischen Mond und Erde auf 20 cm genau bestimmen.

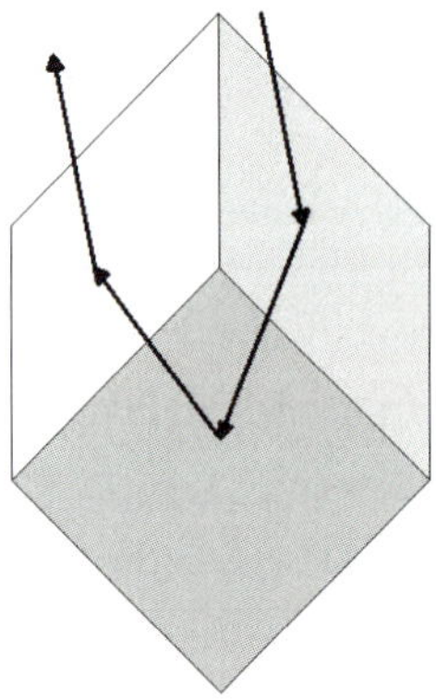

Ein Tripelspiegel besteht aus drei je paarweise orthogonalen ebenen Spiegeln, die von quadratischer Form mit 10 LE Seitenlänge sind.

a) Zur Vereinfachung wird der Tripelspiegel so in ein räumliches Koordinatensystem gelegt, dass jeder der drei Spiegel auf jeweils einer der Koordinatenebenen liegt.

Ein Laserblitz wird vom Punkt P(23/53/29) aus in Richtung des Vektors $\begin{pmatrix} -1 \\ -2 \\ -1 \end{pmatrix}$ geschossen.

Zeigen Sie, dass der Lichtstrahl den Tripelspiegel trifft. Welche der drei Spiegelflächen trifft er zuerst?

b) Erklären Sie anhand einer Skizze, wie man im Allgemeinen den Richtungsvektor erhält, in dessen Richtung der gespiegelte Strahl verläuft. Geben Sie eine Gleichung der Geraden an, auf welcher der Laserblitz nach der Spiegelung an der ersten Spiegelfläche verläuft.

c) Eine Gerade g mit dem Richtungsvektor $\vec{u} = \begin{pmatrix} u_1 \\ u_2 \\ u_3 \end{pmatrix}$ wird an der x_1x_2-Ebene gespiegelt.

Wie lautet der Richtungsvektor der gespiegelten Geraden? Was ändert sich, wenn Sie die Gerade g anstatt an der x_1x_2-Ebene an der x_1x_3-Ebene bzw. an der x_2x_3-Ebene spiegeln?
Wie verläuft demnach ein Lichtstrahl, der nacheinander an allen drei Spiegelflächen des Tripelspiegels gespiegelt wird, nach der Reflexion?

d) Verfolgen Sie den weiteren Weg des Laserblitzes aus a). Wird er an allen drei Spiegelflächen gespiegelt? Auf welcher Geraden verlässt er den Tripelspiegel?
Wie groß ist der Abstand zwischen ein- und ausfallendem Strahl?

e) Die Laufzeit eines Laserblitzes von der Erde zum Mond und zurück wurde mit 2,55 s gemessen. Welcher Wert ergibt sich hiermit für die Entfernung vom Teleskop zum Tripelspiegel?

77	Problematik	Skalarprodukt; Vektorzüge; Schnitt Ebene - Gerade
	geeignet als	Klausuraufgabe (für einen CAS-Kurs)

Pyramidenförmiges Expeditionszelt

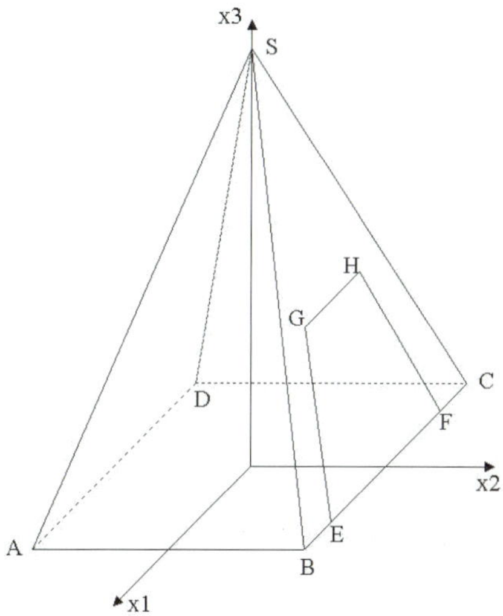

Außer kuppel- und tunnelförmigen Zelten werden bei Expeditionen vereinzelt noch pyramidenförmige Zelte als Basiszelte eingesetzt.
Ein solches Pyramidenzelt hat eine quadratische Grundfläche mit einer Seitenlänge von 4,10 m und eine Höhe von 2,80 m.

a) Welches Volumen hat das Zelt?
Wie viel Zeltstoff wird für das Außenzelt (ohne Boden) benötigt, wenn man 5 % Material für die Überlappung hinzurechnet?
In welchem Bereich der Grundfläche hat man eine Stehhöhe von mindestens 1,90 m?

b) Der Zelteingang EFGH hat die Form eines gleichschenkligen Trapezes, das symmetrisch zur Symmetrieachse der Seitenfläche BCS liegt. Die Längen der beiden parallelen Seiten $\overline{EF}$ und $\overline{GH}$ betragen 2,0 m und 1,50 m, die Eingangshöhe beträgt 1,80 m.
Bestimmen Sie die Koordinaten der Punkte E, F, G und H sowie die Trapezhöhe.

c) Die trapezförmige Eingangsöffnung kann durch eine Drehung um die Seite $\overline{GH}$ mithilfe zweier Zeltstangen horizontal aufgespannt werden. Welche Koordinaten haben die Bildpunkte E' und F'?

d) Bei aufgespannter Zeltöffnung beginnt es leicht zu regnen. Dabei werden die Regentropfen vom Wind in Richtung des Vektors $\begin{pmatrix} 0 \\ -1 \\ a \end{pmatrix}$, $a < 0$ getrieben.
Untersuchen Sie, für welche Werte von a es in das Zelt hineinregnet.

78	Problematik	Orientierung und Koordinaten im IR³; Umrechnung von Messdaten aus den Fotos
	Unterrichtsform	Gruppenarbeit

Spielplatz in Leimen

Auf einem Spielplatz bei Leimen steht ein Kletterturm mit quadratischem Grundriss.
An dem Turm wurde eine Referenzpostkarte befestigt. Sie ist 18,9 cm hoch und 10,5 cm breit.

a) Bestimmen Sie mit Hilfe dieser Maßangabe die Eckpunkte und Maße des Turms. Zeichnen Sie ein vereinfachtes Schrägbild des Turms mit Rutschfläche.
Unter welchem Winkel geht die Rutsche vom Turm ab?

b) Beschreiben Sie die Ebene, in welcher der schräge Teil der Rutschfläche liegt. Unter welcher Bedingung beschreibt diese Gleichung nur die Punkte der Rutschfläche?

c) Da das Blech der Rutschfläche im Lauf der Zeit stark verschrammt ist, soll es erneuert werden. Wie viel Blech wird für die neue Rutschfläche gebraucht?

d) Rechts neben dem Kletterturm steht ein zweiter Turm.
Bestimmen Sie die Koordinaten der Fußpunkte und der Eckpunkte des Daches dieses Turms.

e) Zeichnen Sie einen maßstabsgetreuen Grundriss des linken Turms mit Rutsche sowie des rechten Turms ohne Anbauten und Kletterbrücke.

79	Problematik	Entwurf einer pyramidenförmigen Verpackung nach bestimmten Vorgaben: Mathematisierung
	Unterrichtsform	Projekt; Gruppenarbeit

Form einer Parfumflasche

Die Parfumfirma „Odora" möchte ihren neuen Duft „Samanta Fox" mit einem interessanten Design auf den Markt bringen.
Die Parfumflasche und die Kartonschachtel, in die sie passgenau verpackt wird, sollen entweder die Form eines regelmäßigen Tetraeders oder einer geraden quadratischen Pyramide mit lauter gleichlangen Kanten haben.

a) Das Füllvolumen einer solchen Flasche ist also das eines Pyramidenstumpfes bzw. eines Tetraederstumpfes. Berechnen Sie dieses Volumen der Flasche in beiden Fällen jeweils in Abhängigkeit von der Kantenlänge x der Flasche unter der Annahme, dass die Höhe des Deckels in beiden Fällen $\sqrt{6}$ cm beträgt.
b) Aus verpackungstechnischen Gründen sollen die Kantenlängen ganzzahlig sein. Berechnen Sie die Füllmengen für geeignete Kantenlängen und begründen Sie Ihre Auswahl!
c) In einer Konferenz gibt der Firmenvorstand bekannt, dass die Entscheidung über die endgültige Form der Flasche erst dann gefällt werden soll, wenn klar ist, in welchen Mengeneinheiten das Parfum verkauft werden soll. Wenn es sich um kleinere Mengen (bis ca. 35 ml) handelt, solle die Form eines regulären Tetraeders bevorzugt werden, sonst die Form der quadratischen Pyramide. Wie kann der Vorstand auf diese Idee gekommen sein? Die Entscheidung fällt schließlich für Flaschen in Tetraederform mit einem Füllinhalt von 35 ml. Welche Gründe sprechen dafür?
d) Um das neue Parfum bekannt zu machen, soll in Großstädten Werbung gemacht werden. Die Firma Odora hat die Möglichkeit, drehbare Litfasssäulen (Durchmesser: 1,50 m, Höhe: 4,80 m) durch drehbare Tetraeder zu ersetzen, die die Firma genauso wie die Verpackung von „Samanta Fox" gestalten will. Einzige Bedingung ist, dass das drehbare Tetraeder nicht über die Grenzen der drehbaren Säule hinausreichen darf. Welche Kantenlänge ist unter dieser Bedingung für das Werbetetraeder maximal möglich?
e) Um die Konstruktion am Computer umzusetzen ist es notwendig, den Designern eine genaue Beschreibung des Tetraeders mithilfe von Vektoren zu geben. Zeichnen Sie dazu das Tetraeder maßstabsgetreu in ein geeignetes Koordinatensystem und bestimmen Sie die Gleichungen der Ebenen, in denen die Tetraederseiten liegen.
f) Beschreiben Sie genau die Menge aller Punkte, die auf einer Tetraederseite liegen, so dass die Designer das Tetraeder in ihrem Graphikprogramm erstellen können.
g) Jetzt muss der Auftrag gegeben werden, die entsprechenden Kartonverpackungen herzustellen. Die Verpackung soll aus einem Stück hergestellt werden. Das von den Designern verwendete Graphikprogramm ist in der Lage, aus der dreidimensionalen Darstellung des Tetraeders eine Abwicklung zu entwerfen, wobei Klebekanten durch zusätzliche Bedingungen eingegeben werden müssen. Entwerfen Sie eine solche Abwicklung des Tetraeders unter Berücksichtigung von Klebekanten und der Tatsache, dass die Flasche der Kartonverpackung auf ungefährliche Art und Weise entnommen werden muss!

80	Problematik	Lösbarkeit linearer Gleichungssysteme
	CAS/GTR	Es müssen mehrere LGS betrachtet werden, daher CAS/GTR als Hilfsmittel zu empfehlen

Der „Würstle-Karl“ und das Finanzamt

Der „Würstle-Karl“, Besitzer einer gut gehenden Imbissbude am Schlossplatz, bietet heiße Würstchen mit Ketchup, Pommes, Kaffee und Bier an – und dies 24 Stunden am Tag.
Zu seiner Steuererklärung beim Finanzamt legt er wöchentliche Abrechnungen über seinen Umsatz bei. Der misstrauische Finanzbeamte Pfleiderle schaut sich die Abrechnung für die 35. Kalenderwoche genauer an.

Wochentag	Pommes	Würstchen	Bier	Kaffee	Umsatz in €
Montag	512	308	567	632	4 917,60
Dienstag	456	332	456	777	4 832,20
Mittwoch	645	343	545	731	5 384,10
Donnerstag	534	347	634	692	5 372,80
Freitag	559	321	452	584	4 728,40
Samstag	665	422	563	792	5 989,20
Sonntag	416	221	374	496	3 662,40

Der Finanzbeamte kennt zwar die Preise nicht, dennoch stellt er Unregelmäßigkeiten fest.
Überprüfen Sie dies.
Zu welchen Preisen verkauft Ihrer Meinung nach der „Würstle-Karl“ seine Waren?

81	**Voraussetzungen**	Grundlagen der Modulo-Rechnung
	Problematik	Einführung in die Kryptologie
	Material	Karton, Heftklammer oder Niete für die Codierscheibe
	Unterrichtsform	Projekt; Gruppenarbeit

7QZU7UPU7UOU - Einfache Verschlüsselungen

Gaius Julius Caesar (100-44 v. Chr.) war einer der größten Staatsmänner und Feldherrn des Altertums. Er unterwarf in schweren Kämpfen Gallien, unternahm Feldzüge nach Germanien und Britannien, eroberte Spanien und Ägypten.
Während dieser vielen Feldzüge verwendete er eine Geheimschrift, die nach ihm benannte **Caesar-Chiffre**. Sie beruht auf einer Verschiebung des Alphabets um eine vereinbarte Stellenzahl.
Dabei erhält jeder Buchstabe im Alphabet und jede Ziffer (Klartextzeichen) eine Nummer zugewiesen:

Klartextzeichen	A	B	C	...	Y	Z	0	1	2	...	8	9
Nummer	00	01	02	...	24	25	26	27	28	...	34	35

Durch Addition einer Zahl k (dem Schlüssel) zu den Nummern werden alle Buchstaben und Ziffern um k Stellen nach rechts verschoben. Die Buchstaben und Ziffern, die „rechts herausfallen“, werden links wieder eingefügt.
Bei einem Schlüssel 7 ergibt sich also:

Klartextzeichen	A	B	C	...	Y	Z	0	1	2	3	4	...	8	9
Nummer	00	01	02	...	24	25	26	27	28	29	30	...	34	35
Code-Position	07	08	09	...	31	32	33	34	35	00	01	...	05	06
Geheimtextzeichen	H	I	J	...	5	6	7	8	9	A	B	...	F	G

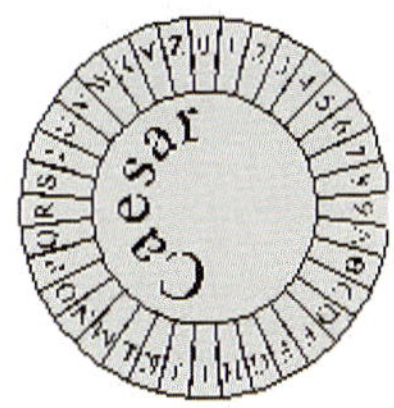

Damit würde das Wort „CAESAR“ verschlüsselt zu „JHLZHY“.

a) Mithilfe einer einfach anzufertigenden Codierscheibe kann man leicht Texte verschlüsseln. Der äußere Ring gibt die Klartextzeichen an, die innere drehbare Scheibe die zugehörigen Geheimtextzeichen. Fertigen Sie eine solche Caesar-Codierscheibe an.
Verschlüsseln Sie die Botschaft „Morgen 23 Uhr Schlossplatz“ mit dem Schlüssel 17.
Entschlüsseln Sie die mit dem Schlüssel 23 verschlüsselte Chiffre “JXE17B99GX90BAA1EFGX3“.

b) Wie viele verschiedene Schlüssel gibt es bei der Caesar-Chiffre?
Ein Klartextzeichen mit der Nummer n wird mit dem Schlüssel k verschlüsselt. Welche mathematische Funktion beschreibt die Nummer n' des zugehörigen Geheimtextzeichens?
Die Decodierung einer mit dem Schlüssel k verschlüsselten Chiffre kann durch eine zweite Verschlüsselung mit dem Schlüssel k', dem so genannten „Konterschlüssel“, erfolgen.
Welche Beziehung besteht zwischen k und k'?
Welchen Nachteil hat die Caesar-Chiffre?

c) Etwas zum Knobeln: Entschlüsseln Sie die Nachricht im Aufgabentitel.
Tipp: Es handelt sich nicht um einen Text in deutscher Sprache.

d) Bei einem zweiten Verfahren, der **Tausch-Chiffre**, wird der Klartext auf die folgende Art verschlüsselt:

Man wählt zwei (geheime) Schlüsselzahlen α und β. Ist n die Nummer des zu verschlüsselnden Klartextzeichen, so erhält man die Nummer n' des Geheimtextzeichens durch die Vorschrift $\alpha \cdot n + \beta \equiv n' \bmod 36$.

Verschlüsselt man z.B. den Buchstaben R (n = 17) mit den Schlüsseln $\alpha = 8; \beta = 12$, so erhält man das zugehörige Geheimtextzeichen durch $8 \cdot 17 + 12 = 148 \equiv 4 \bmod 36$.

Der Buchstabe R wird also mit dem Buchstaben E (n' = 4) verschlüsselt.

Verschlüsseln Sie die Nachricht „Mathe macht Spaß“ mit den Schlüsseln $\alpha = 3; \beta = 1$.

Was fällt Ihnen auf?

e) Welcher Sonderfall der Tausch-Chiffre ist die Caesar-Chiffre?
Kommt jeder Wert von α für eine „vernünftige“ Verschlüsselung in Frage?
Untersuchen Sie dies, indem Sie für $\alpha = 2; 3; 4; 5; 6$ und $\beta = 0$ jeweils das verschlüsselte Alphabet angeben.

82	Problematik	Anwendung linearer Gleichungssysteme: Mischungsaufgabe unter Randbedingungen

Tagesbedarf an Vitamin C

Die empfohlene Tagesdosis an Vitamin C beträgt – laut der deutschen Gesellschaft für Ernährung – für einen erwachsenen Menschen 100 mg.

Die meisten Fruchtsäfte enthalten Vitamin C. Der nachfolgenden Tabelle kann entnommen werden, wie viel Vitamin C im jeweiligen Saft enthalten ist und wie hoch der Energiegehalt des Saftes ist:

Saftsorte	**Gehalt an Vitamin C in 100 ml Saft**	**Energiegehalt pro 100 ml Saft**
Acerolasaft	1078,5 mg	20 kcal
Apfelsaft	7,4 mg	46 kcal
Ananassaft	12,5 mg	58 kcal
Multivitaminsaft	55 mg	47 kcal
Orangensaft	35 mg	39 kcal

Ziel ist es, mit einem Glas (200 ml) einer Mischung aus verschiedenen Säften genau den Tagesbedarf an Vitamin C zu decken. Dies sei Voraussetzung für die folgenden Aufgaben:

a) Geben Sie eine Mischung an, die aus allen angegebenen Säften besteht und die obige Bedingung erfüllt!

b) Ist es möglich, eine Mischung aus Ananas-, Multivitamin- und Orangensaft herzustellen, die genau 95 kcal hat? Ändert sich der Sachverhalt, wenn die Mischung genau 100 kcal haben soll?

c) Wie hoch darf die Konzentration an Vitamin C in einem Saft höchstens sein, damit eine Mischung dieses Saftes mit Acerolasaft den Bedingungen genügt?

d) Kann man für die geforderte Saftmischung nur Apfel-, Ananas- und Orangensaft verwenden?

Kapitel 4: Stochastik

83		
	Problematik	Lineare Regression für a); beschränktes Wachstum für b)
	CAS/GTR	CAS oder GTR für die graphische Darstellung und die Berechnung der Regressionen sinnvoll

Rasante Zukunft für Frauen

Läuferinnen könnten - zumindest rechnerisch - in 150 Jahren ihre männlichen Konkurrenten überholen.
Bei der Olympiade 2156 könnte erstmals eine Frau über 100 m schneller sein als der schnellste Mann. Dabei wird die Siegerin voraussichtlich nach 8,079 Sekunden die Ziellinie überqueren. Diesen Schluss zieht ein britisches Forscherteam der Universität von Oxford aus einer Hochrechnung, die auf den Siegerzeiten aller bisherigen olympischen 100 m-Läufe basiert.

Die folgende Tabelle zeigt die Zeiten der Siegerinnen und Sieger im 100 m-Lauf bei den Olympischen Spielen seit 1928 in Amsterdam, als diese Disziplin bei den Frauen erstmals in das olympische Programm aufgenommen worden war.

Jahr	1928	1932	1936	1948	1952	1956	1960	1964	1968	1972
Frauen	12,2 s	11,9 s	11,5 s	11,9 s	11,5 s	11,5 s	11,0 s	11,4 s	11,0 s	11,07 s
Männer	10,8 s	10,3 s	10,3 s	10,3 s	10,4 s	10,5 s	10,2 s	10,0 s	9,9 s	10,14 s

Jahr	1976	1980	1984	1988	1992	1996	2000	2004
Frauen	11,08 s	11,06 s	10,97 s	10,54 s	10,82 s	10,94 s	10,75 s	10,93 s
Männer	10,06 s	10,25 s	9,99 s	9,92 s	9,96 s	9,84 s	9,87 s	9,85 s

a) Überprüfen Sie anhand der Daten die Behauptung des britischen Forscherteams. Zu welchen Ergebnissen kommen Sie, wenn Sie die Ergebnisse bei den Frauen und Männern jeweils durch Regressionsgeraden annähern?
Geben Sie bei beiden Regressionen den Korrelationskoeffizienten an. Was lässt sich daraus für die beiden Näherungen sagen?

b) Wie beurteilen Sie die Brauchbarkeit dieses Modells?
Könnten Sie sich ein anderes Modell vorstellen, das die Daten besser beschreibt?
Welche Entwicklung der Siegerzeiten würden Sie mit einem neuen Modell bei den Frauen und Männern für die Zukunft vorhersagen?

84	Problematik	Mittelwertbildung

Wer hat den Sieg verdient?

Bei den Olympischen Spielen 2004 in Athen erzielten die vier Erstplatzierten im Endkampf des Hammerwurfwettbewerbs der Frauen folgende Weiten:

	1. Versuch	2. Versuch	3. Versuch	4. Versuch	5. Versuch	6. Versuch
Olga Kusenkowa (RUS)	73,18 m	74,27 m	75,02 m	X	72,60 m	74,92 m
Ypsi Moreno (CUB)	X	72,68 m	X	X	73,36 m	X
Yunaika Crawford (CUB)	70,98 m	71,43 m	73,16 m	X	X	70,06 m
Betty Heidler (GER)	X	67,71 m	72,73 m	72,47 m	70,21 m	68,49 m

Die Medaillengewinnerinnen wurden aufgrund der größten erzielten Weite ermittelt.
Wären die Medaillen genauso verteilt worden, wenn man nicht die größte erzielte Weite, sondern die Konstanz der Leistungen zur Bewertung heranziehen würde? Welche verschiedenen Möglichkeiten gibt es? Erläutern Sie Ihre Bewertungsgrundlagen.

85	Problematik	Beschreibende Statistik
	Voraussetzungen	Mittelwert; Median; Quartil

Die Hälfte der Langzeitarbeitslosen ist jünger als 45

Die Bundesagentur für Arbeit hat im Herbst 2003 die nebenstehenden Daten über die Altersstruktur von Langzeitarbeitslosen (Personen, die länger als ein Jahr arbeitslos sind) veröffentlicht.

Altersstruktur der Langzeitarbeitslosen (in Prozent; Stand Sept. 2003)

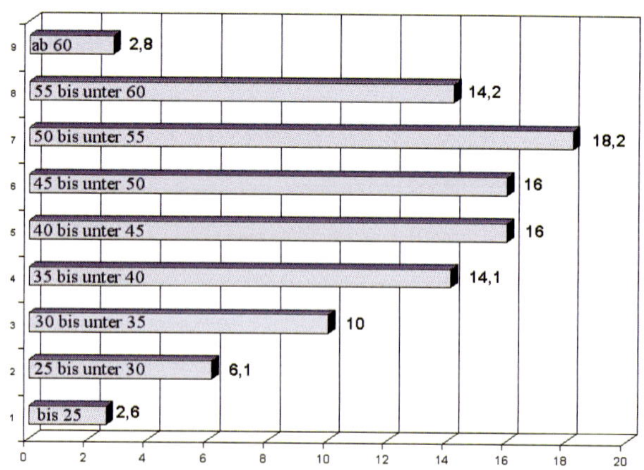

a) Nehmen Sie zu folgender Schlagzeile einer Tageszeitung Stellung:
"*Die Hälfte der Langzeitarbeitslosen ist jünger als 45*".
Wie kommt man zu dieser Aussage? Vergleichen Sie mit Median und arithmetischem Mittel.

b) Stellen Sie die Verteilungsfunktion der kumulierten relativen Häufigkeiten als Polygonzug dar und bestimmen Sie aus der Zeichnung das untere und das obere Quartil der Verteilung. Welche Bedeutung hat der Quartilabstand?

86		
	Problematik	Verknüpfung von Stochastik und Analysis
	Voraussetzungen	Lineare Regression; Korrelation; logistisches Wachstum für b)
	CAS/GTR	CAS oder GTR für die grafische Darstellung und die Berechnung der Regressionen sinnvoll

Handelsbilanz

Die folgende Grafik zeigt die Entwicklung des deutschen Außenhandels in den Jahren von 1993 bis 2003.

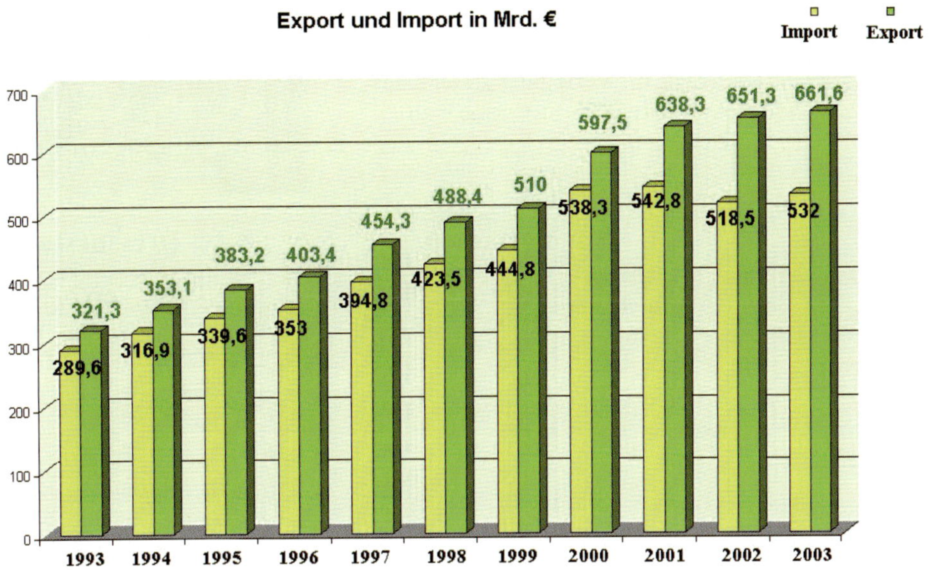

a) Untersuchen Sie den Zusammenhang zwischen Import und Export und stellen Sie ihn graphisch dar. In welchen Jahren ist ein linearer Zusammenhang deutlich sichtbar? Geben Sie eine Regressionsgerade an.
Bestimmen und interpretieren Sie den linearen Korrelationskoeffizienten.

b) Betrachten Sie die Größe des Exports in den Jahren 1993 bis 2003.
Welchen Umfang des Exports erwarten Sie für die Jahre bis 2015, wenn sich die Entwicklung nicht ändern sollte? Gibt es bei diesem Modell eine Grenze, über welche die Größe des Exports nicht hinausgeht?
Bestimmen Sie den Umfang des Imports im Jahr 2015, wenn Sie den linearen Zusammenhang zwischen Import und Export aus a) zu Grunde legen.

87		
	Problematik	Richtige Anwendung von Mittelwerten (bei a) und b) muss geknobelt werden, um die falsche Konstruktion aufzudecken)
	Voraussetzungen	Arithmetisches Mittel; Median

Rund um den Mittelwert

Eine Werbeagentur hat vom ALRV (Aachen Laurensberger Rennverein) den Auftrag erhalten,für den CHIO (Concours Hippique International Officiel, also internationales offizielles Reitturnier) informative und einladende Flyer zu entwerfen. Diese Flyer sollen an Firmenvorstände geschickt werden, um sie zu animieren, ihre Mitarbeiter auf das Aachener Reitturnier einzuladen. Dazu hat der ALRV der Werbeagentur eine Übersicht zur Verfügung gestellt, aus der hervorgeht, wie viele Karten einer Kategorie man jeweils für 1000 € erhalten kann:

	Springstadion					Dressurstadion	
	Mercedes-Benz Tribüne	Aachener-Münchener Tribüne	Ost-Tribüne	Offene Tribüne	Stehplatz	Sitzplatz	Stehplatz
Di.	29	48	39	100	167	/	/
Mi.	29	48	39	100	167	125	167
Do.	29	48	39	100	167	125	167
Fr.	/	38	23	72	100	100	125
Fr.-Abend	/	/	/	/	/	67	100
Sa.	/	38	23	72	100	56	100
Sa.-Abend	/	/	/	/	/	50	100
So.	/	25	13	56	84	50	84

a) Ein Mitarbeiter macht für den entsprechenden Werbeslogan spontan folgenden Vorschlag: „Für nur 1000 € können Sie durchschnittlich 90 Mitarbeiter ins Springstadion oder 108 Mitarbeiter ins Dressurstadion einladen.“ Wie kommt der Mitarbeiter wohl auf diese Zahlen?

b) Welchen „Mittelwert“ legt eine weitere Mitarbeiterin zugrunde, wenn sie vorschlägt: „Für nur 1000 € können Sie durchschnittlich 39 Mitarbeiter ins Springstadion oder 84 Mitarbeiter ins Dressurstadion einladen.“

c) Beurteilen Sie beide Ansätze hinsichtlich ihrer Aussagekraft. Vergleichen Sie mit Ihnen bekannten Mittelwerten! Welche mathematischen Fehler wurden gemacht?

d) Ein Kollege kritisiert, dass diese Angaben viel zu ungenau seien. Er rechnet vor: „Im Springstadion gibt es 27 Möglichkeiten, eine Karte für eine Veranstaltung zu erwerben. Für $27 \cdot 1\,000$ € = 27 000 € könnten also 1793 Mitarbeiter eingeladen werden. Somit belaufen sich die Kosten pro Karte für einen Mitarbeiter auf durchschnittlich 15 €. Für das Dressurstadion erhält man mit analoger Rechung, dass die Karte pro Mitarbeiter im Dressurstadion knapp 10 € kostet.“ Nehmen Sie zu dieser Aussage Stellung!

e) Entwerfen Sie einen begründeten Vorschlag für einen aussagekräftigen Slogan!

88	Problematik	Arithmetisches Mittel
	CAS/GTR	sinnvoll, wenn mit Originaldaten gearbeitet wird

DAX und Dow Jones

a) Informieren Sie sich über die Bedeutung von Aktienindizes (z.B. DAX und DJIA (Dow Jones Industrial Average)). Wozu dienen diese Indizes, welche Unternehmen werden berücksichtigt, wie viele Aktien sind zu welchem Preis auf dem Markt?

b) Bis 1932 wurde der Dow Jones einfach als Mittelwert der Aktienkurse bestimmt. Noch heute gehört der DJIA zu den so genannten preisgewichteten Indizes.

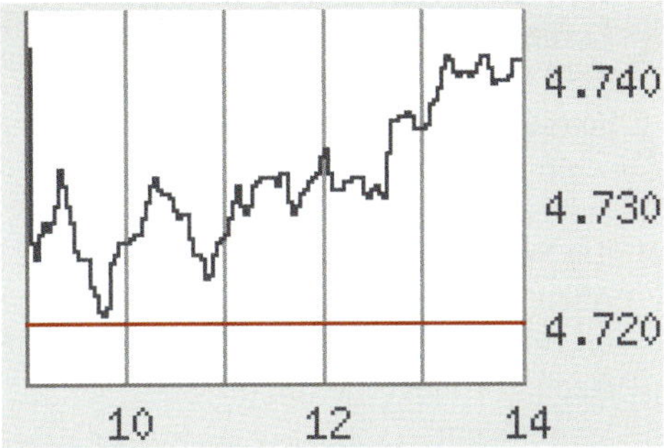

$$\frac{\sum_{i=1}^{n} a_{it}}{\sum_{i=1}^{n} a_{i0} : 1000}$$

a_{it}: Preis der Aktie i zum Zeitpunkt t.

Welchen Wert hatte der Index im Bezugsjahr $t = 0$? Welche Bedeutung hat der Nenner? Diskutieren Sie Vor- und Nachteile eines solchen Indizes. Machen Sie dazu eine Beispielrechnung mit einigen wenigen ausgewählten Unternehmen und untersuchen Sie, wie der Index sich verändert, wenn einmal ein Unternehmen mit einer großen Anzahl an Aktien und einmal ein Unternehmen mit einer kleinen Anzahl an Aktien eine Kurssteigerung erreicht.

c) Der DAX wird nach dem Statistiker Ernst Louis Étienne Laspeyres (1834 – 1913) berechnet und ist ein so genannter marktkapitalisierungsgewichteter Index, wobei man unter Marktkapitalisierung das Produkt aus Anzahl ausgegebener Aktien und ihrem Kurs versteht.

$$\frac{\sum_{i=1}^{n} n_i a_{it}}{\sum_{i=1}^{n} n_i a_{i0} : 1000}$$

a_{it}: Preis der Aktie i im Zeitpunkt t
n_i: Anzahl der ausgegebenen Aktien.

Erläutern Sie auch diesen Index an einem Beispiel. Welche Vorteile hat er gegenüber dem Index aus b)?

89	Problematik	Verknüpfung von Analysis und Stochastik
	Voraussetzungen	Additions- und Multiplikationssatz der Wahrscheinlichkeitsrechnung; Geometrische Reihe in c) hilfreich

Das Martingale-System

Ein Spieler setzt beim Roulette immer nur auf Farbe (schwarz oder rot). Im Falle eines Gewinnes erhält er den doppelten Einsatz zurück. Er geht nach folgender Strategie, ***Martingale-System*** genannt, vor: In der ersten Runde beginnt er mit dem Mindesteinsatz, z.B. 1 €. Wenn er verliert, verdoppelt er jeweils in der nächsten Runde seinen Einsatz. Gewinnt er, geht er in der nächsten Runde zum Mindesteinsatz zurück.

a) Welche Gewinne bzw. Verluste sind nach 3 Spielrunden möglich?

b) Wie groß ist die Wahrscheinlichkeit, dass er nach 3 Spielrunden einen Verlust erlitten hat? (Zur Vereinfachung gehen wir davon aus, dass der Einsatz verloren geht, wenn der Spieler auf Farbe setzt, aber die „Null“ fällt.)

c) Der Spieler nimmt sich vor, maximal 200 € „zu verspielen“. Wie viele Spielrunden kann er mindestens spielen?
Wie beurteilen Sie die Gewinnchancen des Spielers auf Dauer? Denken Sie auch daran, dass in den Spielcasinos ein Einsatzlimit besteht, das in der Regel das 1400-fache des Mindesteinsatzes beträgt. Wie viel verliert der Spieler schlimmstenfalls und wie wahrscheinlich ist dieser „worst case“?

d) Ein Spieler gewinnt im Laufe des Abends 10-mal. Welchen Gewinn hat er im Höchstfall? Was halten Sie von einem Casinoabend mit diesem Spielsystem?

90		
	Voraussetzungen	Binomialverteilung; Erwartungswert
	Problematik	Modellierung und Modellkritik

20 % aller Spiele mit mehr als 4 Toren

In der Spielzeit 2003/04 wurden in der 1. Fußball-Bundesliga von den 18 Mannschaften in der Hin- und Rückrunde insgesamt 908 Tore geschossen.

a) Wie viele Tore fielen durchschnittlich in jedem Spiel?
Wie groß ist dann die Wahrscheinlichkeit, dass in einer beliebigen Spielminute eines Spieles ein Tor fällt? Welches Modell benutzen Sie hierbei? Unter welchen Voraussetzungen kann man ein solches Modell zugrunde legen?
Wie groß ist damit die Wahrscheinlichkeit, dass ein Spiel torlos ausgeht?

b) Die folgende Tabelle zeigt die Anzahl der Spiele, die mit der entsprechenden Anzahl an Toren ausgegangen sind.
Vergleichen Sie die tatsächliche Anzahl der Spiele mit der Anzahl, die Sie bei Ihrem Modell errechnen.

Anzahl n der Tore pro Spiel	0	1	2	3	4	5	mehr als 5
Anzahl der Spiele mit n Toren	19	49	65	54	61	36	22

91	**Problematik**	Bedingte Wahrscheinlichkeiten; Satz von Bayes

Justizirrtum

John Allen Paulos führt in seinem 1988 erschienenen Buch „Innumeracy: Mathematical Illiteracy and Its Consequences“ ein Beispiel für die Gefahren mathematischer Fehlschlüsse in der Justiz an: "Ein Mann wird in New York überfallen und ausgeraubt und behauptet, der Täter sei ein Schwarzer gewesen. Als das Gericht den Vorfall unter ähnlichen Lichtverhältnissen mehrfach nachstellen lässt, kann das Opfer die Hautfarbe des Räuber-Darstellers nur in 80 % der Fälle richtig angeben." Wie beurteilen Sie die Aussage eines Geschworenen, „damit sei klar, dass der Täter mit einer Wahrscheinlichkeit von 80 % ein Schwarzer war“?
Gehen Sie dabei von folgenden Annahmen aus:

- Der Anteil der schwarzen Bevölkerung beträgt in New York 15,9 %.
- Ein Opfer verwechselt einen Weißen mit einem Schwarzen mit der gleichen Wahrscheinlichkeit wie umgekehrt einen Weißen mit einem Schwarzen.
- Nach Aussage der Polizei unterscheiden sich die Prozentsätze der Täter im weißen Bevölkerungsteil und im schwarzen Bevölkerungsteil kaum.

92	**Problematik**	Binomialverteilung; Poisson-Verteilung (b); Unabhängigkeit (c); stetige Zufallsvariable; Dichtefunktion; Erwartungswert (d)

Pannenbilanz

Die Pannenhilfe eines Automobilclubs ist erfolgreich im Dauerstress. Allein im Jahr 2004 hat es 3,64 Millionen Einsätze gegeben. Dabei konnten in 83 % aller Fälle die Mitarbeiter vor Ort helfen. Ein besonders harter Tag war der 20.12.04. An diesem Tag gab es 16543 Einsätze.

a) Ein Mitarbeiter der Pannenhilfe kommt auf durchschnittlich 12 Einsätze pro Tag. Wie groß ist die Wahrscheinlichkeit, dass er höchstens einen Wagen abschleppen lassen muss?

b) Wie wahrscheinlich ist es, dass es zu einer Häufung von mehr als 11 Notrufen pro Minute wie am 20.12. kommt? Welche Gründe könnte es geben?

c) Von 1000 im Bezirk Köln liegen gebliebenen Fahrzeugen konnten 378 ältere Wagen ausländischen Fabrikats wieder flott gemacht werden. Dies gelang ebenso bei 28 neueren deutschen Fabrikaten sowie bei 252 ausländischen neuen Wagen. Dabei ist laut Aussage des Automobilclubs weder das Alter noch das Fabrikat entscheidend dafür, ob der Mann vor Ort weiterhelfen kann. Wie viele Fahrzeuge konnten insgesamt wieder auf die Reise geschickt werden?

d) Anfang 2004 fielen in der Pannenstatistik Fahrzeuge auf, die durch vorzeitigen Verschleiß einer Lagerbuchse bei den eingebauten Dieselpumpen liegen blieben. Alle Hersteller starteten Rückrufaktionen für die betroffenen Wagen. Die Lebensdauer der schadhaften Motoren lässt sich näherungsweise durch eine stetige Zufallsvariable mit der Dichtefunktion
$L(t) = 2 \cdot e^{-2t}$ für $t \geq 0$ (0 sonst) beschreiben.
Wie groß ist die durchschnittliche Lebensdauer der Pumpe?

93	Voraussetzungen	Binomialverteilung
	Problematik	Modellierung und Modellkritik

Pilzsammler

Rainer, Pilzsammler und Hobbymathematiker, hat erfolgreich Pilze im Wald gesammelt:
54 Pilze hat er in seinem Korb. Obwohl er sich als erfahrenen Sammler einschätzt, fährt er vorsichtshalber bei der nächsten Pilzberatungsstelle vorbei, wo er im Gespräch erfährt, dass im Durchschnitt etwa 5 % aller Pilze, die in der Beratungsstelle untersucht werden, giftig sind. Nach kurzem Nachdenken zückt Rainer seinen Taschenrechner und erklärt ganz erstaunt, dass dann die Wahrscheinlichkeit, dass keiner seiner 54 Pilze giftig sei, bei ca. 6 % liegt. Wie kommt Rainer zu seinem Ergebnis? Nehmen Sie zu seiner Rechnung Stellung.

94	Problematik	Binomialverteilung; Erwartungswert; evtl. Näherungsformel von de Moivre Laplace
	CAS/GTR	vor allem für Teil c) sinnvoll

Überbuchung im Airbus

Im Jahr 2001 erschienen bei der Lufthansa 13,9 % aller gebuchten Fluggäste nicht zum Einchecken. Die Fluggesellschaften sind deshalb dazu übergegangen, die Flüge zu überbuchen, d.h. es werden mehr Plätze verkauft als tatsächlich vorhanden sind. Diese Methode sichert zwar den Fluggesellschaften optimalen Gewinn, bedeutet aber, dass es „denied boarding" heißen kann und der Betroffene am Boden bleiben muss. Dies ist bei der Lufthansa im Durchschnitt 10 von 10 000 Fluggästen passiert.

a) Wie groß ist die Wahrscheinlichkeit, dass bei einem Airbus A320 mit 150 Sitzplätzen, der zu 10 % überbucht wurde, mindestens ein Fluggast am Boden bleiben muss?

b) Die Lufthansa möchte das Risiko, dass bei einem Airbus A320 aufgrund von Überbuchungen Passagiere am Boden bleiben müssen, unter 0,1 % halten. Mit wie vielen Personen kann unter diesen Voraussetzungen ein Airbus A320 überbucht werden?

c) Ab 2005 müssen Fluggesellschaften Entschädigungen an Passagiere zahlen, die wegen Überbuchung nicht mitfliegen können. Diese Entschädigung beträgt für Kurzstrecken unter 1 500 km 250 €. Ein Linienflug mit dem A320 von Paris nach Frankfurt ist freitags nachmittags regelmäßig ausgebucht. Die Firmenleitung lässt untersuchen, ob sie die Praxis der Überbuchung ändern muss, um einen Verlust zu vermeiden.
Welchen Erlös kann die Fluggesellschaft erwarten, wenn ein Linienflug 149 € und eine stornierte Reservierung 10 € kostet? (Es wird davon ausgegangen, dass jeder Kunde, der gebucht hat, aber nicht zum Einchecken erscheint, seine Buchung rechtzeitig storniert, d.h. nur 10 € bezahlt.)
Untersuchen Sie dies einerseits für den Fall, dass der Flug im Airbus 320 mit 10 Personen überbucht wird, andererseits für den Fall, dass der Flug nicht überbucht wird.

95	Problematik	Pfadregeln; Binomialverteilung; Bayes (d); Verbindung Analysis/Stochastik (c); Poissonverteilung (e)
	geeignet als	Klausuraufgabe

Qualitätskontrollen in der DVD-Produktion

DVDs haben bei nur 12 cm Durchmesser und wenigen Millimetern Dicke eine beeindruckende Datenkapazität. Eine Firma produziert DVDs und verpackt diese in Kartons zu 10 Stück. Trotz der regelmäßigen Qualitätskontrollen muss die Firma davon ausgehen, dass ca. 2 % ihrer ausgelieferten DVDs defekt sind.

a) Berechnen Sie die Wahrscheinlichkeit dafür, dass bei einer Lieferung von 10 Kartons die Anzahl der defekten DVDs höchstens um die Standardabweichung vom erwarteten Durchschnittswert abweicht.

b) Der Händler beschließt die Lieferung zu prüfen.
   1. Wie viele DVDs müssten getestet werden, damit mit mindestens 95%iger Sicherheit mindestens ein defekter Datenträger gefunden wird?
   2. Der Händler testet alle DVDs einer Packung. Sind alle in Ordnung, nimmt er die Lieferung an. Ist genau eine defekte DVD darunter, testet er eine weitere Packung. Er nimmt die Lieferung an, wenn die zweite Packung fehlerfrei ist. In allen anderen Fällen lehnt er die Lieferung ab. Mit welcher Wahrscheinlichkeit nimmt der Händler die Lieferung an?

c) Die Herstellerfirma ihrerseits führt bereits vor der Auslieferung Qualitätskontrollen durch: *Der Produktion werden so lange DVDs zufällig entnommen und getestet, bis die fünfte intakte bzw. die zweite fehlerhafte gefunden wurde. Im ersten Fall wird die Lieferung ohne weitere Prüfung freigegeben, im zweiten Fall wird sie zurückbehalten.*
   1. Angenommen, der Anteil der fehlerhaften DVDs betrage p. Zeigen Sie, dass die Wahrscheinlichkeitsfunktion F(p) für die Freigabe
   $F(p) = 1 - 5p^6 + 24p^5 - 45p^4 + 40p^3 - 15p^2$ ist.
   2. Wie teuer wird der Test durchschnittlich, wenn tatsächlich die Wahrscheinlichkeit für eine defekte DVD 2 % ist und das Testen einer DVD 2,30 € kostet?
   3. Für welchen Wert von p müssen durchschnittlich die meisten DVDs geprüft werden?

d) Bei der Produktion besteht wegen der extrem hohen Produktionsanforderungen und des damit verbundenen Ausschussrisikos ein dringender Bedarf an dynamischen Analysegeräten, die bereits während des Prozesses Instabilitäten und damit verbundenen Ausschuss erkennen. Daran wird derzeit intensiv geforscht (z.B. an der FH Aachen). Der mittlere Ausschuss beträgt heute mehr als 30 %. Bei einer Jahresproduktion von ca. 20 Millionen Discs pro Großhersteller ist die Reduzierung des Ausschusses also aus ökonomischen und Umweltaspekten erforderlich. Nehmen Sie an, dass ein Gerät entwickelt werden könnte, das während der Produktion bereits einen Defekt mit 96 % Wahrscheinlichkeit anzeigt, das aber auch in 5 % aller Fälle fälschlicherweise einen Defekt signalisiert. Mit welcher Wahrscheinlichkeit
   1. entscheidet das Testgerät richtig?
   2. übersteht dann eine defekte DVD den Test und verbleibt im Produktionsablauf?

e) Ein Teil der Qualitätssicherung liegt in der Einhaltung der strengen Reinraumbedingungen. Der dafür gültige Standard (VDI-Richtlinie 2083) legt Folgendes fest:
In einem Kubikmeter Luft eines Reinraumes der Gütekategorie 3 dürfen von Staubteilchen mit dem Durchmesser x (in Metern) höchstens noch $f(x) = 10^{-9} \cdot x^{-2}$ Stück vorhanden sein.
Wie groß ist die Wahrscheinlichkeit, dass innerhalb einer 1 cm dicken Luftschicht über der DVD zwei Staubteilchen von 10^{-6} m Durchmesser existieren?

96	Problematik	Binomialverteilung; Hypothesentest (c); Wahl eines ausreichenden Testumfangs; Bestimmung eines Konfidenzintervalls
	CAS	CAS hilfreich

Nachspiel: Filmschauspielerin verklagt Tester

Susi Kern verklagt die Stiftung "Recht oder schlecht"

München (adp). Die Schauspielerin Susi Kern hat die Stiftung „Recht oder schlecht“ wegen der Einstufung ihrer Hautcreme als „mangelhaft“ auf Schadensersatz verklagt, da nach Veröffentlichung des Testurteils der Umsatz ihres Produktes um eine Million Euro zurückgegangen sei.
Die Stiftung sieht der Klage gelassen entgegen:
„Wir stehen zu unserem Testergebnis. Wenn nach der Anwendung dieser Hautcreme sieben von dreißig Frauen mit toxikologischen Reaktionen zum Hautarzt müssen, muss das Produkt als „mangelhaft“ bewertet werden“, sagte die Sprecherin von „Recht oder schlecht“.

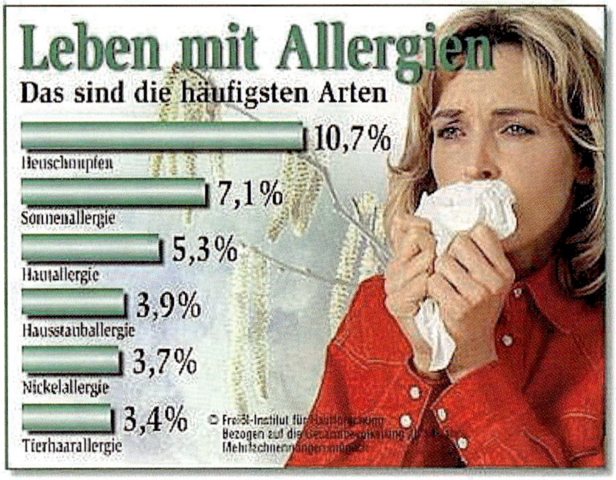

Frau Kern wirft den Testern vor, als Testpersonen auch Frauen eingesetzt zu haben, die nachweislich unter einer Hautallergie leiden.

a) Mit wie vielen Personen, die unter einer Hautallergie leiden, müssen Sie bei 30 zufällig ausgewählten Probandinnen rechnen?

b) Die Anwälte von Frau Kern behaupten, die Wahrscheinlichkeit betrage fast 100 %, dass bei 30 zufällig ausgewählten Testpersonen bis zu sieben Frauen unter einer Allergie gegen einen bestimmten Wirkstoff einer Hautcreme leiden könnten. Wie beurteilen Sie diese Behauptung?

c) Die Testergebnisse lassen vermuten, dass nicht nur Personen, die unter einer Hautallergie leiden, bei längerem Gebrauch dieser Hautcreme toxikologische Hautreaktionen aufweisen. Zu ihrer Rechtfertigung gibt daher die Stiftung an, dass das Testergebnis mit einer Sicherheit von 95 % zeigt, dass der Anteil Allergiker größer ist als 5,3 %.
Nehmen Sie zu dieser Aussage Stellung.

d) Die Anwälte von Frau Kern halten sämtliche Aussagen für fragwürdig, da sie den Testumfang grundsätzlich für zu gering erachten. Deshalb soll mit einem neuen groß angelegten Test für die unbekannte Wahrscheinlichkeit p, bei längerer Anwendung der Hautcreme unter unangenehmen Hautreaktionen zu leiden, ein aussagekräftiges Konfidenzintervall ermittelt werden.
Stellen Sie ein geeignetes Testverfahren vor. Welche Schlüsse können Sie aus den Ergebnissen des Tests ziehen?
Wie beurteilen Sie damit die Testergebnisse der Stiftung „Recht oder schlecht“?

97	Problematik	Binomialverteilung; Wahl eines genügend großen Stichprobenumfangs; Erwartungswert; Normalverteilung
	CAS/GTR	sinnvoll

Schwarzfahrer

Nach Angabe des Verkehrsverbundes AVK beträgt der Anteil der „Schwarzfahrer" am gesamten Fahrgastaufkommen ca. 2,5 %.
Zwei Kontrolleure steigen an der Haltestelle „Europaplatz" in eine Bahn der Linie 2 und kontrollieren alle 34 Fahrgäste. An der Haltestelle „Mühlburger Tor" steigen sie um in eine Bahn der Linie S1, in der sie weitere 58 Fahrgäste überprüfen.

a) Wie groß ist die Wahrscheinlichkeit, dass die Kontrolleure bei diesen beiden Kontrollen mindestens 2 Schwarzfahrer ertappen? Mit wie vielen Schwarzfahrern müssen sie bei diesen beiden Kontrollen rechnen?
b) Wie viele Fahrgäste müssten überprüft werden, damit mit einer Wahrscheinlichkeit von mindestens 90 % mindestens ein Schwarzfahrer ertappt wird?
c) Detaillierte Untersuchungen zeigen, dass die Anteile der Schwarzfahrer auf den verschiedenen Straßenbahnlinien deutlich differieren. Wie ändert sich das Ergebnis aus Aufgabe a), wenn der Anteil der Schwarzfahrer auf der Linie 2 nur 1 %, auf der Linie S1 dagegen 4 % beträgt?
d) Die Verkehrsbetriebe gehen davon aus, dass etwa 8 % der Schwarzfahrer ertappt werden. Ein ertappter Schwarzfahrer muss sofort einen Einzelfahrschein zum Preis von 2 € nachlösen. Besitzt er eine Monatskarte, die er zu Hause vergessen hat, muss er zusätzlich umgehend seine Monatskarte vorlegen und eine Bearbeitungsgebühr von 5 € entrichten. Andernfalls muss er ein Bußgeld von 30 € bezahlen. Dieser Fall trifft auf ca. die Hälfte aller ertappten Schwarzfahrer zu. Die Verkehrsbetriebe überlegen, ob sie das Bußgeld erhöhen müssen, damit die Einnahmeverluste durch die Schwarzfahrer ausgeglichen werden können.
Sie werden beauftragt, dies zu untersuchen und gegebenenfalls einen Vorschlag für ein erhöhtes Bußgeld zu begründen.
e) Nach einer drastischen Preiserhöhung befürchtet der AVK, dass der Anteil der Schwarzfahrer deutlich angestiegen ist. Entwerfen Sie ein geeignetes Testverfahren, mit dem man diese Vermutung untersuchen kann, und geben Sie Entscheidungskriterien an.

98	Problematik	Binomialverteilung; Hypothesentest

Kondome – Sicherer als sicher

So sicher wie nie

Kondome schützen. Vor Schwangerschaft und vor allem vor AIDS. Die Stiftung „Recht oder Schlecht" hat 26 verschiedene Marken getestet. Ergebnis: Präservative sind sicherer als je zuvor.

Zunächst untersuchte die Stiftung, wie haltbar Kondome sind. Im Bersttest, einem von mehreren Tests nach der EU-Norm EN 600, wurden die Kondome mit 18 Liter Luft aufgeblasen. Dabei dürfen aus einer Charge von 200 Kondomen höchstens 7 Kondome platzen. Im Vergleich zum letzten Test vor vier Jahren ergab sich ein deutlich besseres Ergebnis: Nur 37 Kondome von insgesamt 14 000 Kondomen platzten.

Im Gesamturteil aller durchgeführten Tests erhielten 25 Marken die Gesamtnote „gut". Nur die Marke „Strongex Orange" fiel mit dem Gesamturteil „mangelhaft" durch, da bei zwei Chargen von je 200 Kondomen 11 bzw. 15 Kondome platzten.

a) Ein Markenkondom, das im Test mit „gut" beurteilt wurde, wird in Großpackungen à 36 Stück verkauft. Der Hersteller wirbt mit Hinweis auf den Test der Stiftung „Recht oder Schlecht" damit, dass die Kondome dieser Marke den Bersttest bestanden haben.
Mit welcher Wahrscheinlichkeit besteht jedes Kondom einer solchen Packung den Bersttest, wenn man
- die EN-Norm,
- die Testergebnisse
zugrunde legt?

b) Die Firma „Strongex" verlangt für ihr Kondom „Strongex Orange" einen Nachtest. Nach ihren eigenen regelmäßigen stichprobenartigen Kontrollen würden nur ca. 1,5 % der Kondome dieser Marke den Bersttest nicht bestehen. Nehmen Sie zu dieser Behauptung Stellung.

99	Problematik	Konfidenzintervall für den unbekannten Erwartungswert einer Zufallsvariablen X

Gut gefüllt?

In einer Brauerei werden mit einer automatischen Abfüllanlage 0,33 *l*-Bierflaschen gefüllt. Wöchentlich wird eine Stichprobe von 30 Flaschen genommen, um zu gewährleisten, dass der Sollwert von 330 ml möglichst gut eingehalten wird. Die Auswertung einer solchen Stichprobe ergibt einen Mittelwert von 328,4 ml. Aus den bisherigen Überprüfungen weiß man, dass die Abfüllanlage eine Standardabweichung von 2,7 ml hat.

a) Bestimmen Sie ein Konfidenzintervall für den tatsächlichen unbekannten Erwartungswert der gesamten Abfüllung.
Lässt das Ergebnis den Schluss zu, dass die Anlage falsch eingestellt ist und im Durchschnitt zu wenig Bier in die Flaschen abgefüllt wird?

b) Wie groß muss der Stichprobenumfang mindestens sein, damit die Länge des Konfidenzintervalls höchstens 1 ml beträgt?

100	Problematik	Beurteilende Statistik; Kreisdiagramme; Binomialverteilung; Hypothesentest; Normalverteilung

Rechtschreibreform 2004 – Mehr Gegner

Ein Meinungsforschungsinstitut hat im Jahr 2004 unter 1223 repräsentativ ausgewählten Bundesbürgern (älter als 16 Jahre) eine Umfrage zur Rechtschreibreform erstellt. Dabei gab es folgendes Ergebnis:

	April 2004	September 2004
Bin für die Rechtschreibreform	13 %	11 %
Bin dagegen	49 %	60 %
Ist mir egal	38 %	29 %

a) Stellen Sie die Umfrageergebnisse in Kreisdiagrammen dar. Welche Gründe könnten bei dem Meinungswandel zwischen April und September 2004 eine Rolle gespielt haben?
b) Wie groß ist die Wahrscheinlichkeit, dass sich von 100 zufällig ausgewählten Bundesbürgern, die älter als 16 Jahre sind, im September 2004 mehr als 60 Bürger gegen die Rechtschreibreform aussprechen, wenn Sie davon ausgehen, dass die Umfrageergebnisse repräsentativ für die deutsche Bevölkerung sind.
c) Die Befürworter der Rechtschreibreform gehen davon aus, dass der Anstieg der Gegner von 49 % auf 60 % aufgrund verschiedener Medienberichte nur vorübergehend war, und präsentieren im Dezember 2004 eine neue Umfrage, nach der von 772 Befragten nur 409 die neue Rechtschreibung ablehnen. Widerspricht dieses Ergebnis signifikant dem Umfrageergebnis vom September?

101	Problematik	Bedingte Wahrscheinlichkeit; Näherungsformel von de Moivre Laplace; Hypothesentest

Bürgerinitiative gegen Müllverbrennungsanlage

Die Gemeinde Altdorf ist als Standort für eine Müllverbrennungsanlage (MVA) vorgesehen. Bei der letzten Gemeinderatswahl erhielten in Altdorf die Partei DCU 44,3 %, die Partei SVP 36,7 % und die Partei AL 12,6 % bei einer Wahlbeteiligung von 75,3 %.
Eine Bürgerinitiative legt eine neue Umfrage vor, in der sie behauptet, dass in Altdorf 45 % der DCU-Wähler, 72 % der SVP-Wähler und 94 % der AL-Wähler gegen den Bau der Müllverbrennungsanlage seien. Von den Wählern der restlichen Parteien und den Nichtwählern haben sich in der Umfrage 33 % gegen die MVA ausgesprochen.

a) Aufgrund der Umfrageergebnisse fordert die Bürgerinitiative einen Volksentscheid über den Bau der Müllverbrennungsanlage. Wie groß ist die Wahrscheinlichkeit, dass unter 100 zufällig ausgewählten Wahlberechtigten in Altdorf mehr als die Hälfte gegen den Bau der MVA stimmen würden, falls die Umfrageergebnisse der Bürgerinitiative richtig sind?
b) Die Bürgerinitiative führt eine Unterschriftensammlung gegen die MVA durch. Wie viele Wahlberechtigte in Altdorf müssten mindestens angesprochen werden, um mit einer Wahrscheinlichkeit von mindestens 98 % mehr als 1000 Unterschriften zu erhalten?
c) Auf einer Mitgliederversammlung der Partei DCU haben sich 834 von 1589 Anwesenden gegen den Bau der MVA ausgesprochen. Am nächsten Tag wird im „Altdorfer Tagblatt" von einem deutlichen Meinungswandel innerhalb der Partei DCU gesprochen. Prüfen Sie, ob diese Behauptung der Zeitung glaubhaft ist.

102	Problematik	Hypothesentest

Der „kleine Unterschied" beim Einparken!

Der Verein „Frauenpower" will überprüfen, ob Männer und Frauen gleich gut einparken können. Dazu lädt er eine Gruppe von 15 Männern und 15 Frauen, die vor weniger als vier Wochen ihre Fahrprüfung bestanden haben, auf einen Verkehrsübungsplatz ein.
Nacheinander sollen jeweils eine Frau und ein Mann in dieselbe knapp bemessene Parklücke möglichst schnell rückwärts parallel einparken.
Der Einparkvorgang gilt als erfolgreich beendet, wenn der PKW korrekt und ohne Beschädigung der beteiligten Fahrzeuge in der Lücke steht. Die zum Einparken benötigte Zeit wird jeweils gestoppt. War die Frau schneller, so erhält die Gruppe der Männer ein Spielzeugfahrrad. War dagegen der Mann schneller, so erhält die Gruppe der Männer ein Spielzeugauto.

a) Nach Durchführung des oben beschriebenen Tests sind die Männer glückliche Besitzer von 11 Spielzeugfahrrädern. Interpretieren Sie dieses Ergebnis auf der Grundlage eines Signifikanztestes, dem ein Signifikanzniveau von 5 % zugrunde liegt.
b) Schon in der Planungsphase des obigen Tests wurden kritische Stimmen des Vereins „Männer am Steuer" laut, die ein für sie rufschädigendes Testergebnis befürchteten. Um diesen Vorwürfen zu begegnen, beschließt die Vorsitzende des Vereins „Frauenpower", den Stichprobenumfang zu erhöhen. Sie lädt daher weitere 65 Testpaare zum Einparken ein. Am Ende des Tests besitzt die Gruppe der insgesamt 80 getesteten Männer 48 Spielzeugfahrräder und 32 Spielzeugautos.
Nehmen Sie Stellung.

103		
	Voraussetzungen	Binomialverteilung; Hypothesentest; bei c) logarithmische Funktionen
	Problematik	Verknüpfung von Stochastik und Analysis

Rockkonzert verursacht Hörschäden

Erstmals haben deutsche Richter einen Konzertveranstalter für die Hörschäden einer jungen Konzertbesucherin haftbar gemacht. Die Klägerin, eine 13-jährige Schülerin, stand während des Auftritts der Boy-Group „N'Sync" vor der Bühne, weniger als zwei Meter von einem der Lautsprecher-Türme entfernt. Nach dem Konzert suchte sie einen HNO-Arzt auf, der eine „hochgradige, lärmtraumatische Innenohrschädigung mit Tinnitus" (Ohrgeräuschen) „beidseits" diagnostizierte.
Die Richter sahen es als erwiesen an, dass die Schülerin ca. 90 Minuten lang einem „pflichtwidrig hohen Schallpegel" von bis zu 104 Dezibel ausgesetzt war. Für diesen gesundheitsgefährdenden Lärm sei allein der Veranstalter verantwortlich gewesen.

Verschiedene Studien, die durchgeführt wurden, um die Häufigkeit von erhöhtem Lärm und seine Auswirkungen auf die Gesundheit zu untersuchen, ergaben, dass etwa 15 % der Jugendlichen bereits an Schwerhörigkeit leiden.

a) Auf Anregungen des Elternbeirats führt das Gesundheitsamt unter den 486 Jugendlichen einer Schule, die mindestens 15 Jahre alt sind, einen Hörtest durch.
Welches Ergebnis würden Sie bei der Untersuchung erwarten?
Wie groß ist die Wahrscheinlichkeit, dass weniger als 15 % der untersuchten Schüler eine Hörschädigung aufweisen?

b) Eine neue Studie kommt sogar zu dem Schluss, dass bereits bei mehr als 25 % der Jugendlichen das Gehör beeinträchtigt ist. Für diese Studie wurden 2000 Jugendliche getestet, bei 422 der Jugendlichen wurden Hörschäden festgestellt.
Kann man aus diesen Ergebnissen schließen, dass die Schwerhörigkeit unter Jugendlichen zugenommen hat?

c) Von Fachleuten werden Lärmschutzmaßnahmen und Lärmpegelbegrenzungen gefordert. Eine Hörschädigung ist ab einer Lautstärke von 85 dB (Dezibel) anzunehmen. Die Lautstärke L, gemessen in Dezibel (dB), hängt von der physikalischen Intensität I des Schalls ab. Ist I_0 die kleinste Intensität, die das menschliche Ohr gerade noch wahrnehmen kann, so gilt:

$$L(I) = 10 \cdot \lg\left(\frac{I}{I_0}\right)$$

Um welchen Faktor hätte bei dem genannten Rockkonzert die Intensität geändert werden müssen, damit keine Hörschädigung bei der Klägerin hervorgerufen worden wäre?

104		
	Problematik	Binomialverteilung; Näherungsformel von de Moivre Laplace; bei c) Wachstumsprozess
	CAS/GTR	CAS oder GTR sinnvoll

33% aller Deutschen rauchen

Nach einer Studie des Instituts für Demoskopie Allensbach aus dem Jahr 2003 rauchen 33 % der deutschen Bevölkerung ab 14 Jahren. Der Anteil der Raucher betrug bei den Männern 39 %, bei den Frauen dagegen nur 28 %.

a) Wie groß ist danach der Anteil der Frauen in der Bevölkerung ab 14 Jahren?

b) Bei den Jugendlichen zwischen 14 und 15 Jahren ist der Anteil der Raucher auf 19 % gestiegen. An einer Schule wird in dieser Altersgruppe unter 125 Schülerinnen und Schülern eine anonyme Umfrage durchgeführt. Wie groß ist die Wahrscheinlichkeit, dass der Anteil der Raucher geringer als 19 % ist?

c) Die folgende Graphik zeigt die Entwicklung des Raucheranteils (in Prozent) in den Jahren 1950 bis 2003 bei Männern und Frauen. Wie beurteilen Sie die Entwicklung? Beachten Sie dabei inhaltliche und mathematische Aspekte der Darstellung.
Geben Sie eine Prognose anhand der bisherigen Entwicklung bis zum Jahr 2010 ab.

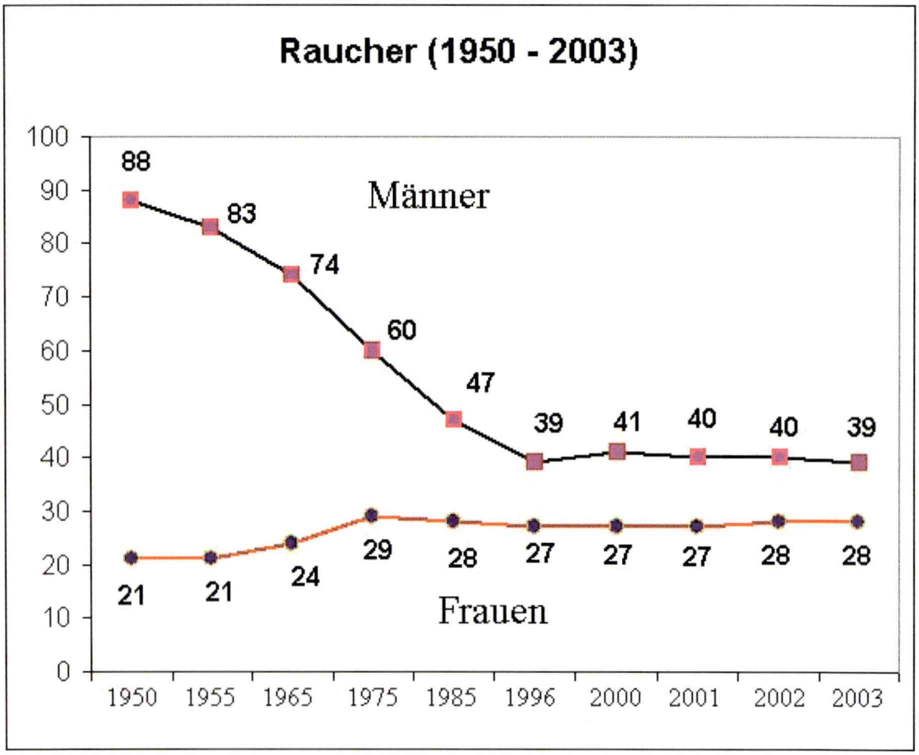

105	Problematik	Prozente (a); Mittelwert und Varianz (b); Normalverteilung (c)-(e); zweiseitiger Signifikanztest (f)
	CD	Für d) und e): FertigpackV 1981 §22

Wenig Inhalt – hoher Preis

***„Weniger Inhalt – aber der Preis bleibt gleich** – Ärger über versteckte Teuerung“*, so titelt eine große Tageszeitung im April 2004. Immer mehr Hersteller reagieren auf den Preiskampf, in dem sie bei gleich bleibendem Preis und gleich aussehender Verpackung den Inhalt der Packung reduzieren. Die Verbraucherschützer beklagen, dass dieser Trick rechtlich nicht anfechtbar ist, aber die Käufer massiv getäuscht werden.

Neben dieser versteckten Teuerung macht den Verbraucherschützern aber noch ein anderes Problem Sorgen, wie die gleiche Zeitung schon vor einiger Zeit unter dem Titel *„Verbraucher durch zu wenig Inhalt massiv geprellt“* berichtet hat. Im Kontrollbericht der Mess- und Eichbehörden steht, dass in fast jedem zehnten Fall die Kunden weniger erhielten, als auf der Verpackung angegeben war. Den Schaden für die Kunden schätzen die Verbraucherschützer auf insgesamt eine Milliarde Euro pro Jahr.

a) In der zusammengestellten Liste finden sich folgende Beispiele: einige Tiefkühlgemüse-Packungen sind von 450 g auf 300 g geschrumpft, bei Filtertüten befinden sich bei gleichem Preis statt 100 nur noch 80 Stück in der Packung und bei einer Tiefkühlpizza haben die Hersteller den Durchmesser von 26 cm auf 21 cm gesenkt. Berechnen Sie jeweils die prozentuale Preiserhöhung.

b) Bei einem Test von automatischen Abfüllanlagen für Müsli, bei dem die Anlagen auf einen Sollwert von 400 g eingestellt waren, wurden die folgenden Daten ermittelt.
Bewerten Sie die Güte der Maschinen.
(Angegeben sind jeweils die Klassenmitten und die zugehörigen relativen Häufigkeiten.)

Füllgewicht in g	384	388	392	396	400	404	408	412	416
Maschine A	0,01	0,02	0,03	0,17	0,56	0,15	0,02	0,03	0,01
Maschine B	0,04	0,03	0,05	0,13	0,5	0,13	0,05	0,04	0,03

c) Bei der maschinellen Füllung kann man davon ausgehen, dass die Zufallsgröße „Gewicht“ normalverteilt ist. Untersuchen Sie für die Maschinen A und B wie viel Prozent der Pakete zu beanstanden sind, wenn die Füllmenge mindestens 394 g betragen soll.

d) Warum kann Forderung (4) der Fertigpackungsverordnung (FertigPackV 1981 §22) nicht realisiert werden, wenn die Füllmenge annähernd normalverteilt ist?
Auf welchen Mittelwert muss die Abfüllanlage gestellt werden und wie genau (gemessen in σ) muss sie justiert werden, damit die Bedingungen der Fertigpackungsverordnung erfüllt sind? Gehen Sie dabei davon aus, dass die Abweichungen bei (4) höchstens 0,5 % betragen sollen.

e) Wie groß ist die Wahrscheinlichkeit für den Hersteller, dass er ein Paket mit mehr als 5 % zusätzlichen Inhalts produziert? Benutzen Sie Ihre Ergebnisse aus d).

f) Eine Abfüllanlage wird auf 400 g eingestellt. Man weiß, dass $\sigma = 10$ g ist. Durch einen Test von 50 Paketen soll überprüft werden, ob eine Neujustierung der Anlage notwendig ist. Dazu nimmt man an, dass das arithmetische Mittel der 50 Messungen normalverteilt ist. Bestimmen Sie den kritischen Bereich auf einem Signifikanzniveau von 5 %.

106		
	Voraussetzungen	Hypothesentest c), Approximation von Messdaten
	Problematik	Verknüpfung von Analysis und Stochastik
	CAS/GTR	notwendig
	Unterrichtsform	Projekt

Alles Banane?

Rund um die Banane

Bei der Bananenpflanze, die ca. 4 m bis 5 m hoch wird, handelt es sich um eine Staude. Dicht gedrängt wachsen an ihr die Bananen in einem 35 - 50 kg schweren Büschel heran. Dieses besteht aus etwa 10 - 12 so genannten "Bananenhänden" mit je 12 - 18 "Fingern", den einzelnen Bananen. Jede Bananenstaude trägt nur einmal Früchte, danach stirbt sie ab. Innerhalb der EU liegt Deutschland mit einem Pro-Kopf-Verbrauch von 11 kg - 14 kg im Jahr an der Spitze. Die bei uns beliebte Obstbanane macht jedoch mit knapp 10 % den geringsten Teil der weltweit angebauten Bananen aus. Über 80 % der Weltproduktion sind Kochbananen, die in vielen Entwicklungsländern als Grundnahrungsmittel dienen.

Bananen sind sehr druckempfindliche Früchte. Fast jeder hat sich schon einmal über eine zerdrückte, angestoßene Banane geärgert. Hier soll ein Bananentransportbehälter aus Plastik (kurz: *BaTraBe*) Abhilfe schaffen, der so gestaltet ist, dass möglichst jede Banane in ihm sicher transportiert werden kann.

a) Erstellen Sie eine Bananenstatistik, indem Sie eine geeignete Anzahl Bananen hinsichtlich Ihrer Gestalt untersuchen.

b) Entwerfen Sie auf der Grundlage Ihrer statistischen Untersuchung einen optimalen *BaTraBe*. In ihn sollen mindestens 90 % aller Bananen passen. Zur Programmierung der Produktionsmaschinen wird die Randfunktion des Längsschnitts dieses *BaTraBe* sowie seine Höhe benötigt. Geben Sie diese für Ihren Behälter an.

c) Führen Sie nun abschließend einen Qualitätstest Ihres Behälters durch. Basteln Sie dazu einen Prototypen. Wählen Sie als Stichprobenumfang für einen zweiseitigen Signifikanztest 30 Bananen und 0,05 als Signifikanzniveau.

107	Problematik	Binomialverteilung; Übergangsmatrizen; Matrizenmultiplikation und Invertierung; LGS; stationäre Verteilung
	geeignet als	Klausuraufgabe

Love To Talk

Der Mobilfunkprovider „*Love to talk*" bietet drei verschiedene Tarife an: einen sehr knapp kalkulierten *Einsteigertarif* (**ET**) und die beiden für das Unternehmen lukrativen Tarife *Normal* (**NT**) und *Professionell* (**PT**). Ein Teil der Handynutzer arbeitet mit dem *prepaid* system (**PP**) ohne feste Vertragsbindung. Dieses ist für das Unternehmen wegen der geringen Kundenbindung allerdings nur bedingt wünschenswert.
Die Graphik gibt das monatliche Wechselverhalten an.
Beispielsweise wechseln von den **PP**-Kunden durchschnittlich 60% in den **NT** und 10% in den **PT**, während 30% weiter **PP**-Kunden bleiben.

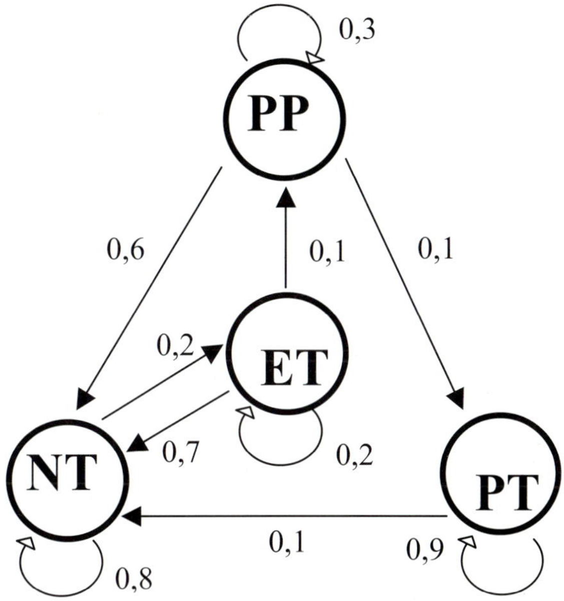

a) Wie groß ist die Wahrscheinlichkeit, dass von 200 PP-Nutzern im nächsten Monat mindestens 130 einen der drei Mobilfunkverträge abschließen?

Derzeit nutzen 75 % aller Vertragskunden (also keine PP-Kunden) den NT, jeder 20. der Vertragskunden hat den PT.

b) Geben Sie in einer Stadt für einen Kundenstamm von 40 000 Vertragskunden und 5 000 PP-Kunden die Kundenzahlen für die nächsten beiden Monate an.
c) Erarbeiten Sie eine langfristige Prognose. Hängt diese von der betrachteten Stadt ab? Nehmen Sie zur vorgenommenen Modellierung kritisch Stellung.
d) In einer anderen Stadt mit aktuell 770 PP-, 4 300 ET-, 17 820 NT- und 2 110 PT-Kunden behauptet der Marketingexperte:
„Noch vor zwei Monaten lagen wir im ET-Bereich bei weniger als 1200 Kunden."
Stimmt diese Behauptung?
e) Da sich der ET nicht als lukrativ genug erwiesen hat, bietet der Provider keine Verlängerung dieser Verträge mehr an.
Die 20 % der Kunden, die weiterhin beim ET geblieben wären, wählen nun auch den NT.
Die 20 % der NT-Kunden, die in den ET gewechselt hätten, wandern daraufhin in den PP-Bereich ab.
Bestimmen Sie die neue langfristige Entwicklung auf der Basis der Daten aus b) und bewerten Sie das neue Konzept.
Hängt diese zu erwartende Kundenverteilung davon ab, für welche der drei Möglichkeiten sich die jetzigen ET-Kunden entscheiden, die ansonsten bei ET geblieben wären? Begründen Sie.

108	Voraussetzungen	Umgang mit stochastischen Matrizen; Berechnung von Gewinnwahrscheinlichkeiten und mittleren Spieldauern bei Markov-Ketten mit absorbierenden Zuständen
	Problematik	Modellierung mithilfe von Markov-Ketten

Crap-Spiel

Das Crap-Spiel ist das schnellste und populärste amerikanische Würfelspiel und wird in den meisten amerikanischen Casinos angeboten.

Spielregeln des Crap-Spiels

Zwei Würfel werden geworfen und die Augensumme wird gebildet.

- Augensumme 7 oder 11:
  gewonnen
- Augensumme 2 oder 3 oder 12: verloren
- Bei jeder anderen Augensumme:
  Man merkt sich die gewürfelte Augensumme und würfelt dann so lange weiter, bis entweder diese Augensumme (Gewinn) oder die Augensumme 7 (Verlust) fällt.

a) Mit der Augensumme 7 im ersten Wurf gewinnt man direkt.
   Wie groß ist die Wahrscheinlichkeit auf diese Weise zu gewinnen?
b) Bestimmen Sie die Wahrscheinlichkeit im ersten Wurf direkt zu verlieren.
c) Im ersten Wurf ist die Augensumme 6 oder 8 gefallen. Bestätigen Sie, dass die Wahrscheinlichkeit, nach dem 2. Wurf immer noch im Spiel zu sein, $\frac{25}{36}$ beträgt.
d) Stellen Sie das passende Prozessdiagramm auf und begründen Sie, dass dafür nur 6 Zustände nötig sind.
e) Max setzt 10 \$ ein und würde im Falle eines Sieges 20 \$ bekommen.
   Wie groß ist die Wahrscheinlichkeit, dass er gewinnt?
   Auf welche mittlere Spieldauer muss sich Max einstellen?

Bildquellenverzeichnis

Umschlag: Adrien MORTINI, Frankreich; Hanns Jürgen Morath, Karlsruhe; "Bauen + Wohnen", N3. 1/1976 - Piet Blom, Zürich;
Seite 6: Adrien MORTINI, Frankreich; Seite 19: © Klaus Puth/Baaske Cartoons - Klaus M. Puth, Mühlheim; Seiten 23.1, 23.2, 24, 25, 36, 37, 45, 47.2, 48, 49, 52, 55, 57, 58, 59, 63, 67, 68, 69, 75, 79, 82, 93, 95.2, 98: Hanns Jürgen Morath, Karlsruhe; Seiten 28.2, 29, 83: Sven Simon, Essen; Seiten 30.1, 43, 53.2, 95.1, 100: Nicole Hamel, Karlsruhe; Seite 30.2: © Color Line AS. All rights reserved.; Seite 31: Jacques Descloitres, MODIS Rapid Response Team, NASA/GSFC - NASA; Seiten 32, 66, 90.1: Mauritius - age fotostock, Mittenwald; Seite 34: Kölner Seilbahn-Gesellschaft mbH, Köln; Seite 35: © 09/2005 Saeco Germany, Eigeltingen; Seiten 39, 56, 91: Nicola Haas, Essen; Seite 40: Petra-Maria Küpper, Aachen; Seite 41: Mauritius - SuperStock, Mittenwald; Seite 42: Silvestris, Kastl; Seite 46: AKG Pressebild - ullstein, Berlin; Seite 47.1: Mauritius - Key Photos, Mittenwald; Seite 50: Globus Infografik GmbH, Hamburg; Seite 51.1: Mauritius - Pierre Bourrier, Mittenwald; Seite 51.2: Serviceteam GmbH, Braunschweig; Seite 62: Mauritius - Westend61, Mittenwald; Seite 64.1: Mauritius - AGE, Mittenwald; Seite 64.2: Bildagentur-online - Tom Craig, Paris; Seiten 70, 78: Elisabeth Wiegmann, Nußloch; Seite 71: "Bauen + Wohnen", N3. 1/1976 - Piet Blom, Zürich; Seite 74: Blickwinkel - E. Hummel, Witten; Seite 77: Mauritius - Photononstop, Mittenwald; Seite 80: Mauritius - Werner Dietrich, Mittenwald; Seite 86: Mauritius - Marliani, Mittenwald; Seite 90.2: © Airbus SAS 2005 - All rights reserved; Seite 94: BZgA-Aidsprävention, www.gib-aids-keine-chance.de, Köln; Seite 97: ullstein - Schroth, Berlin; Seite 102: Thorsten Vogelsang, Aachen;

Es war nicht in allen Fällen möglich, die Inhaber der Bildrechte ausfindig zu machen und um Abdruckgenehmigungen zu bitten. Berechtigte Ansprüche werden selbstverständlich im Rahmen der üblichen Konditionen abgegolten.

Register